高等教育系列教材

JSP程序设计与案例教程

崔连和　编著

机械工业出版社

本书包括JSP基础知识和JSP应用技术两大部分，第一部分由JSP概述、JSP语言基础、JSP指令与动作和JSP常用对象四大基础知识组成；第二部分包括JSP数据库操作、JSP文件操作、JavaBean基础和Servlet技术四个JSP应用技术。

本书适用于本科院校和高职高专院校计算机科学与技术、计算机软件等专业使用，也适用于成人高校的学生学习使用，同时也可作为程序设计爱好者的工具书。

本书配套授课电子课件、题库、教学计划、教学大纲、教案、题库、课后习题答案、源代码及教学视频等大量教学资源和相关素材，有需要的教师可登录www.cmpedu.com免费注册，审核通过后下载，或联系编辑索取（微信：15910938545，电话：010-88379739）。

图书在版编目（CIP）数据

JSP程序设计与案例教程 / 崔连和编著. —北京：机械工业出版社，2016.2（2022.7重印）

高等教育系列教材

ISBN 978-7-111-53452-5

Ⅰ. ①J… Ⅱ. ①崔… ②黄… Ⅲ. ①JAVA语言－网页制作工具－高等学校－教材 Ⅳ. ①TP312 ②TP393.092

中国版本图书馆CIP数据核字（2016）第067313号

机械工业出版社（北京市百万庄大街22号 邮政编码100037）

策划编辑：郝建伟 责任编辑：郝建伟

责任校对：张艳霞 责任印制：李 昂

北京捷迅佳彩印刷有限公司印刷

2022年7月第1版 · 第4次印刷

184mm×260mm · 11.75印张 · 289千字

标准书号：ISBN 978-7-111-53452-5

定价：45.00元

电话服务 网络服务

客服电话：010-88361066 机 工 官 网：www.cmpbook.com

010-88379833 机 工 官 博：weibo.com/cmp1952

010-68326294 金 书 网：www.golden-book.com

封底无防伪标均为盗版 机工教育服务网：www.cmpedu.com

出版说明

当前，我国正处在加快转变经济发展方式、推动产业转型升级的关键时期。为经济转型升级提供高层次人才，是高等院校最重要的历史使命和战略任务之一。高等教育要培养基础性、学术型人才，但更重要的是加大力度培养多规格、多样化的应用型、复合型人才。

为顺应高等教育迅猛发展的趋势，配合高等院校的教学改革，满足高质量高校教材的迫切需求，机械工业出版社邀请了全国多所高等院校的专家、一线教师及教务部门，通过充分的调研和讨论，针对相关课程的特点，总结教学中的实践经验，组织出版了这套“高等教育系列教材”。

本套教材具有以下特点：

1）符合高等院校各专业人才的培养目标及课程体系的设置，注重培养学生的应用能力，加大案例篇幅或实训内容，强调知识、能力与素质的综合训练。

2）针对多数学生的学习特点，采用通俗易懂的方法讲解知识，逻辑性强、层次分明、叙述准确而精炼、图文并茂，使学生可以快速掌握，学以致用。

3）凝结一线骨干教师的课程改革和教学研究成果，融合先进的教学理念，在教学内容和方法上做出创新。

4）为了体现建设“立体化”精品教材的宗旨，本套教材为主干课程配备了电子教案、学习与上机指导、习题解答、源代码或源程序、教学大纲、课程设计和毕业设计指导等资源。

5）注重教材的实用性、通用性，适合各类高等院校、高等职业学校及相关院校的教学，也可作为各类培训班教材和自学用书。

欢迎教育界的专家和老师提出宝贵的意见和建议。衷心感谢广大教育工作者和读者的支持与帮助！

机械工业出版社

前　言

“JSP 程序设计”是计算机应用专业、计算机软件专业的核心主干课程，是一门动手实践能力和应用实践能力要求高、与实际应用紧密联系的课程，是在 Java 基础课程之后、Java EE 课程之前开设的专业课程，是 Java 软件开发方向的衔接课程。

本教材内容的选取遵循“基础理论以够用、必需为度，突出应用，工学结合”的原则，对培养学生应用能力方面所必需的理论知识进行叙述，深浅适度。主要内容包括 JSP 基础知识和 JSP 应用技术两大部分，第一部分由 JSP 概述、JSP 语言基础、JSP 指令与动作、JSP 常用对象四大基础知识组成；第二部分包括 JSP 数据库操作、JSP 文件操作、JavaBean 基础、Servlet 技术四个应用技术。编排上采用了先基础、后技术的体系，坚持基础铺垫与技术应用并重的原则。

本教材围绕基本理论阐述具体编程实务，语言流畅，内容通俗，可读性好，实用性强，适应教师精讲、学生参与、师生互动、提高技能的新型教学理念。每章前均设有知识结构框图、知识要点、学习方法，为了强化励志作用和德育效果，每章正文前还特意安排了一个学习激励与案例导航，精心准备了计算机行业成功的典范，使之成为学生心中奋斗的目标。

本书由齐齐哈尔大学崔连和编写，江苏科技大学学生梁绍宸、齐齐哈尔大学学生姚凯心、许章正为本书代码进行了调试，齐齐哈尔大学郭金宇、王玉恒、兰兴天为全书配套材料做了大量工作。这些同志在本书编写中付出了辛苦劳动，在此一并表示衷心的感谢！本书在编写过程中参考了大量文献，这里也一并感谢。

由于编者水平所限，书中难免有疏漏之处，敬请广大读者批评指正，以期不断改进。

编　者

目　录

第1章　JSP概述

本章知识结构框图

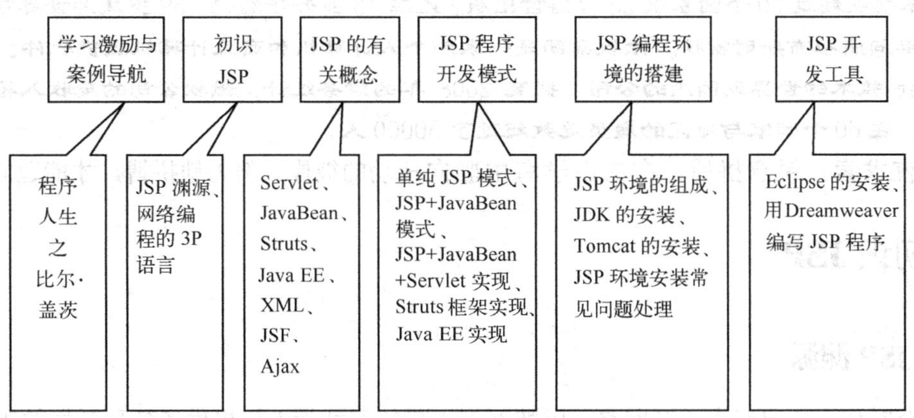

本章知识要点

1. JSP渊源，网络编程的3种语言。
2. JSP的7个有关概念。
3. JSP程序的5种开发模式。
4. JSP开发环境安装。

本章学习方法

1. 奠定基础，理论先行，加强理解，熟记基本理论。
2. 广泛阅读相关资料，深度拓展知识范围。
3. 查阅已经学过的编程语言等书籍，温故知新。

学习激励与案例导航

程序人生之比尔·盖茨

如今，全世界大多数个人计算机都装有微软的操作系统。比尔·盖茨使个人计算机成了日常生活用品，并因此改变了每一个现代人的工作、生活乃至交往的方式。盖茨出生于 1955 年 10 月 28 日，任微软公司主席和首席软件设计师。1973 年，盖茨考进了哈佛大学，和微软的首席执行官史蒂夫·鲍尔默结成了好朋友。在哈佛的时候，盖茨为第一台微型计算机——MITS Altair 开发了 BASIC 编程语言的一个版本。1999 年，盖茨撰写了《未来时速：数字神经系统和商务新思维》（Business @ the Speed of Thought: Using a Digital Nervous System）一书，这本书在超过 60 个国家以 25 种语言出版。盖茨 13 岁开始编程，39 岁成为世界首富，连续 13 年问鼎福布斯财富榜。微软集团是一家为个人计算机和商业计算机提供软件、服务和 Internet 技术的世界范围内的公司。截至 2008 年的财务统计，微软公司的总收入将近 620 亿美元，在 60 个国家与地区的雇员总数超过了 50000 人。

日夜求索，锐意拼搏，在书山学海中驶向成功的彼岸。努力地拼搏，才能迈向成功。

1.1 初识 JSP

1.1.1 JSP 渊源

当今时代人们已经离不开网络，因特网上大量的网站为人们提供了各种各样的服务，人们可以在网上检索信息，进行电子商务活动，因特网已经成为现代人生活不可缺少的一部分。

从制作角度来讲，网站包括两部分：一是前台页面显示部分，二是后台功能实现部分。前台页面显示部分主要是利用网页排版工具将文字、图像和动画等页面元素组织在一起，此部分运用 Photoshop、Dreamweaver 和 Flash 等工具就能轻松实现。而后台功能实现部分则需要编程语言来实现。用于因特网的编程语言目前主要是 3P，即 ASP/ASP.NET、PHP 和 JSP。

JSP 因因特网而生，并在因特网的世界里不断成长，日益发展壮大。JSP 是 Java Server Pages 的缩写，它是一种服务器端脚本语言，是由 Sun 公司在其强大的 Java 语言基础上开发出来的。Java 诞生于 1995 年 1 月，但是在过去 Java 语言在 Web 设计方面还不如 PHP 语言。为了弥补 Java 在 Web 设计方面支持不足的缺陷，Sun 公司（已被甲骨文公司收购）在 Java 语言的基础上开发出了 JSP。自 1999 年 JSP 1.0 发布以来，JSP 可谓掀起了一场风暴，使用 JSP 进行开发的程序员越来越多，它不仅具有 Java 的强大功能，还能够为开发人员提供一个开发动态 Web 网站和 Web 应用的灵活工具。随着 JSP 标准标记库（JSTL）的引入，JSP 2.0 将此技术又推向了一个新的高度。

1.1.2 网络编程的 3P 语言

目前广泛用于因特网环境下的编程语言主要是 3P，即 ASP/ASP.NET、PHP 和 JSP，这 3 种语言三足鼎立，各有独特的优越之处，又彼此拥有共同的对象成分。无论学好 3 种语言中的哪一种，都能完成因特网程序设计工作，同时又为学习其他的两种语言打下扎实的基础。

本节将通过对 3P 语言进行对比介绍，进一步引入 JSP 课程的讲解。

1．ASP/ASP.NET

ASP 即 Active Server Pages，是由微软公司推出的一个 Web 服务器端的开发环境，是最通用的网络编程语言之一，利用它可以产生和执行动态的、互动的、高性能的 Web 应用程序。ASP 具有简单易学的特点，并且目前因特网上有大量的 ASP 资源可供学习使用。ASP.NET 则是美国微软公司最新推出的一种因特网编程技术，在原有 ASP 技术的基础上进行了重大革新。ASP.NET 是微软.NET 构架的一部分，在语法上与 ASP 兼容，同时它还提供一种新的编程模型和结构，可生成伸缩性和稳定性更好的应用程序，并提供更好的安全保护。

2．PHP 技术

PHP 即 Personal Home Page，它是一种跨平台的、服务器端嵌入式的脚本语言。它大量地借用了 C 语言、Java 语言和 Perl 语言的语法特点。PHP 使 Web 开发者能够快速地编写出动态的网页，它支持所有的主流数据库，而且 PHP 是完全免费的，使用时不需要支付任何费用。PHP 具有简单易学、数据库功能强大、可扩展性好、面向对象编程，以及可伸缩性强等突出优点。

3．JSP 技术

JSP 即 Java Server Pages，是由 Sun 公司倡导、多家公司参与共同研发建立的一种动态网页技术标准。该技术为创建动态网页提供了一个简捷而快速的方法。JSP 技术的设计目的是使得构造基于 Web 的应用程序更加容易和快捷，而这些应用程序又能够与各种 Web 服务器、应用服务器、浏览器和开发工具共同工作。在传统的网页 HTML 文件（*.htm、*.html）中加入 Java 程序片段和 JSP 标记，即构成了 JSP 网页，JSP 网页文件的扩展名是.JSP。

4．3P 比较

1）ASP（ASP.NET）、PHP 和 JSP 的对比。PHP 是完全免费的，语法简单，易学易用，其配套的服务器 Apache 及数据库 MySQL 也同样免费。PHP 在国外非常流行，近年来我国采用 PHP 开发中小型网站也比较流行，国外大多数服务器都提供免费的 Apache＋PHP＋MySQL 环境。PHP 最大的缺点是不适合编写大中型网站。

ASP 脚本语言非常简单，因此其代码也简单易懂且易于维护，ASP 结合 HTML 代码，可快速地完成网站应用程序的开发。所以，非常适合小型网站的开发，甚至还可以完成小规模的企业应用。但 ASP 的致命缺点是不支持跨平台，在大型项目的开发和维护上非常困难。

JSP 相对于 ASP 及 PHP 来说，学习难度相对较大，不易于使用，而且支持 JSP 的网站服务器也少于 ASP 和 PHP。但 JSP 不但功能比 ASP 及 PHP 强大，而且安全性要远远高于 ASP 和 PHP，在大中型企业应用上，JSP 拥有相当大的优势，虽然相对其他网站编程语言来说相对复杂，但对于跨平台的大中型企业应用系统来讲，基于 Java 技术的 JSP 编程体系几乎成为唯一的选择。

2）ASP（ASP.NET）、PHP 和 JSP 的联系。编写的程序用于在服务器上运行的称为服务器端编程技术。相应的，编写的代码用于在浏览器上运行的称为客户端编程技术。ASP/ASP.NET、PHP 和 JSP 都是面向服务器端的编程技术。无论采用哪种语言编写的程序，浏览网页的浏览器不需要安装任何软件都能执行。三者都提供可以在 HTML 代码中混合使用本语言代码的功能。

3）ASP/ASP.NET、PHP 和 JSP 的运行平台。ASP 只能运行于微软平台上；最新版本的

PHP 可在 Windows、UNIX 和 Linux 的服务器上正常运行，PHP 支持 IIS、Apache 等通用 Web 服务器，用户更换平台时，不需要重新编写 PHP 代码即可使用；JSP 本身虽然也是脚本语言，但是却和 PHP、ASP 有着本质的区别。运行时 JSP 代码被编译成 Servlet，这种编译操作仅在对 JSP 页面的第一次请求时发生，即 JSP 遵循一次编译、处处运行的原理，并且可以运行于所有支持 Java 虚拟机的任何服务器，也就是说，JSP 具有平台无关性，JSP 几乎可以运行在所有平台上。JSP 的另一优势在于，它使用功能强大的 Java 编程语言创建其动态内容。这意味着在 Java 中有数以百计的类和方法供程序员随意调遣。

1.2 JSP 的有关概念

Java 培训的广告铺天盖地，Java EE、Ajax 和 Struts 等名词神秘得让人高深莫测，高薪、白领等名词触动着每一个求学者的神经。在学习 JSP 之前，有必要了解一下这些名词，把 JSP 家族看得清清楚楚、明明白白。

1．Servlet

通俗地说，Servlet 就是在服务器上运行的 Java 小程序。Servlet 与平台、协议无关，运行后可以生成动态的 Web 页面。与传统的从命令行启动的 Java 应用程序不同，Servlet 是运行于服务器端的 Java 类，用于动态处理请求及构造响应信息。

1）Servlet 的本质。Servlet 就是一段普通 Java 代码编写的小程序，经过编译后，把这个小程序存放到服务器的指定目录下运行，而不是像 Java 程序那样在本地计算机上运行。

2）Servlet 的特点。由于 Servlet 本质上就是一段 Java 程序，所以 Servlet 就拥有了 Java 语言的全部特点。尤其是 Servlet 运行在服务器端，使它拥有更好的网页编程能力。

2．JavaBean

JavaBean 就是可重用的 Java 组件，将这些 JavaBean 程序组合起来使用，就可以创建出 Java 应用程序。JavaBean 在内部有接口或与其相关的属性，不同人在不同时间开发的 JavaBean 可以集成在一起。可以将这种单一应用程序部署成独立程序和 ActiveX 组件。再简单一些来讲，JavaBean 就是按照一定的规范把数据与其相应操作封装到一起而形成的一个 Java 类。

3．Struts

Struts 是一个基于 Sun Java EE 平台的 MVC 框架，主要是采用 Servlet 和 JSP 技术来实现。由于 Struts 能充分满足应用开发的需求，简单易用，敏捷迅速，是目前 JSP 程序员广泛使用的标准框架。Struts 把 Servlet、JSP、自定义标签和信息资源整合到一个统一的框架中，开发人员利用其进行开发时，不用自己再进行编码来实现全套 MVC 模式，极大地节省了时间。

4．Java EE

Java EE 是 Java 2 平台企业版的缩写（Java 2 Platform Enterprise Edition）。Java EE 是一套全然不同于传统应用开发的技术架构，包含许多组件，主要可简化且规范应用系统的开发与部署，进而提高可移植性、安全与重用价值。Java EE 的核心是一组技术规范与指南，其中所包含的各类组件、服务架构及技术层次均有共同的标准及规格，让各种遵循 Java EE 架构的不同平台之间存在良好的兼容性，解决了过去企业后端使用的信息产品彼此之间无法兼容、导致企业内部或外部难以互通的窘境。Java EE 是一个虚概念，Java EE 标准主要有 3 种子技术标准：Web 技术、EJB 技术和 JMS。

5. XML

XML 是 The Extensible Markup Language 的简写，即可扩展标记语言。目前推荐遵循的是 W3C 组织于 2000 年 10 月 6 日发布的 XML1.0 版本。和 HTML 一样，XML 同样来源于 SGML，但 XML 是一种能定义其他语言的语言。XML 最初设计的目的是弥补 HTML 的不足，以强大的扩展性满足网络信息发布的需要，后来逐渐用于网络数据的转换和描述。目前在网站信息传递中常用的 RSS 就是典型的 XML 应用。

6. JSF

JSF 的全称为 Java Server Faces，是一种用于构建 Java Web 应用程序的标准框架。它提供了一种以组件为中心的用户界面构建方法，从而简化了 Java 服务器端应用程序的开发。

JSF 技术为开发基于网络用户界面的 Java 开发者提供了标准的编程接口 API 及标签库。像 Struts 框架一样，JSF 定义了一套 JSF 标签，能够生成与 JavaBean 属性绑定在一起的 HTML 表单元素。从应用开发者的角度来看，两种框架十分相似，但是 JSF 可能会得到更多的支持，因为 JSF 是 Java 的标准。在未来的发展中，有可能所有的 Java EE 应用服务器都需要支持 JSF。

7. Ajax

Ajax 是 Asynchronous JavaScript and XML 的缩写。Ajax 由 HTML、JavaScript 技术、DHTML 和 DOM 组成，是一种创建交互式网页应用的网页开发技术。它的最大功能是使缓慢的 Web 应用程序像桌面应用程序一样高效快速。在因特网大量应用以前，计算机中大量使用的是桌面程序，而现在 Web 应用程序广泛流行。例如，以往的药店管理系统是安装在计算机上的软件系统，药店经理要想了解销售情况必须本地打开计算机查看。而现在的药店管理则多为 Web 应用程序，药店经理即使远在天涯海角也可以轻松打开浏览器查看销售情况。桌面应用程序由于存放在本地计算机上，运行速度很快，具有漂亮的用户界面和非凡的动态性。而 Web 应用程序虽然功能更强大，但却常常需要等待远程服务器的响应，等待屏幕刷新，等待请求返回和生成新的页面。Ajax 不但可以使 Web 应用程序具有桌面应用程序的功能和交互性，而且还可以迅速实现请求响应。

1.3 JSP 程序开发模式

随着网络技术的不断发展，JSP 技术越来越完善。JSP 编程不像 ASP 那样，只有一种开发模式，JSP 既可以使用单纯 JSP 技术实现，还可以采用 JSP+JavaBean、JSP+JavaBean+Servlet 等技术来实现，近年来又开始流行 Struts 框架、Java EE 等技术。初学者容易被各种宣传蒙蔽了双眼，所以在学习 JSP 之前，必须完全了解其开发模式，然后才能有的放矢，集中精力学习知识。

1. 单纯 JSP 模式

类似 ASP 编程，单纯 JSP 模式就是在需要实现功能的地方加入 JSP 代码，实现相应的功能。网页的 HTML 代码与 JSP 代码混合在一起形成整个网页。其最大的优点是简单明了，适合规模较小的网站，其缺点是代码较乱，不易调试。不管使用哪种编程模式，初学者都必须先采用单纯的 JSP 编程模式作为入门，然后在此基础上逐渐采用其他编程模式。

学习提示：初学时，切忌好高骛远，应脚踏实地，先使用单纯 JSP 模式，熟悉 JSP 编程，待完全掌握 JSP 之后再提升到其他模式。

2. JSP+JavaBean 模式

如上所述，单纯使用 JSP 来进行网页编程，存在着页面代码与 JSP 代码混合在一起、代码较乱、不易调试的缺点，为了克服这一缺点，JSP+JavaBean 模式横空出世。JSP+JavaBean 使 JSP 与 ASP 不再同日而语，JSP 页面响应请求时，将请求交至 JavaBean 进行处理，处理后将结果返回给客户端。所有的数据通过 JavaBean 来处理，实现了页面的表示和功能实现的分离。这种模式特别适合中小型网站建设的需要。

3. JSP+JavaBean+Servlet 实现

JSP+JavaBean+Servlet 实现即现在广泛流行的 MVC 模式，MVC 模式中的 M 代表模型，V 代表视图，C 代表控制器。MVC 模式强制性地使应用程序的输入、处理和输出分开。其中 JSP 页面部分由 MVC 中的 V 来实现，通常采用 Servlet 技术，即页面显示的逻辑部分；服务器端采用 JavaBean 来实现 MVC 中的 M 部分，即业务逻辑部分。控制即处理用户请求的部分，由 Servlet 将模型与视图匹配在一起共同完成用户的请求。

4. Struts 框架实现

Struts 是 Apache 软件组织提供的一项开放源代码项目，它为 Java Web 应用提供了模型、视图和控制器框架，尤其适用于开发大型可扩展的 Web 应用。Struts 为 Web 应用提供了一个通用的框架，使得开发人员可以把精力集中在如何解决实际业务问题上。此外，Struts 框架提供了许多供扩展和定制的地方，应用程序可以方便地扩展框架，更好地适应用户的实际需求。

5. Java EE 实现

金融等行业的安全性要求十分高，一般的编程技术很难满足其需要，上述几种模式都很难满足其高安全性的要求，Java EE 的出现满足了大型企业的实际业务需求。Java EE 是 JSP 实现企业级 Web 开发的标准，是基于 Java 的解决方案。Java EE 平台共有三大核心技术：Servlet、JSP 和 EJB。Java EE 的学习需要具有一定基础，不像 JSP 那样简单易学。

经过上述 5 点的讲解，初学者可以认识到，无论最终采用哪种编程模式，首先必须学好 JSP 基础知识。

1.4 JSP 编程环境的搭建

JSP 因因特网而生，JSP 是为因特网服务的。因特网上所有供世界各地访问、使用的信息及资源都必须存放在服务器上，日常生活中用于浏览网站的计算机则称为客户机。服务器执行 JSP 程序的能力不是与生俱来的，而是在一台普通的计算机上安装了相应的软件来实现其功能。

1.4.1 JSP 环境的组成

作为服务器的计算机上应该安装哪些软件才能满足执行 JSP 程序的功能呢？打个比方，

公司来了客人，需要两部分人完成招待工作：一部分是认识客人并热情接待的人，另一部分是为客人提供茶水、饮品、水果和食品等服务的人。与此同理，一台普通的计算机上至少应该安装两个软件才能实现服务器功能。

1．能够识别 JSP 程序的软件

JSP 家族中的 JDK（Java Development Kit）可以识别 JSP 程序的每一个元素，并为其提供必须的支持。用 JSP 编写的网页上传到服务器之后，由服务器中的语言解释程序负责编译执行。JDK 即 Java 开发工具包。JDK 包含 Java 编程需要的所有工具和标准类库。

2．能够执行 JSP 程序的软件

能够执行 JSP 代码的软件就是常说的服务器程序。执行 JSP 程序的软件有很多，自 JSP 发布以后，出现了多种可运行 JSP 程序的服务器，如 JBosss、Resin、Tomcat 和 WebLogic 等。其中最常用的是 Apache 公司的 Tomcat，Tomcat 是一种免费 Web 服务器，可以处理关于 HTML、JSP 和 Servlet 的请求。

1.4.2 【案例 1–1】JDK 的安装

要在计算机上搭建 JSP 运行环境，首先需要安装 JDK，JDK 的安装需要经历下载与安装两个步骤。安装完成以后需要配置环境变量。

1．下载 JDK

JDK 的下载可以在 Sun 公司的官方网站上直接进行，其下载与安装流程如下：

1）登录 Sun 的官方网站 http://java.sun.com。

2）在页面上找到下载链接，打开下载页面，根据自己的需要下载相应的版本。然后单击后面的 Download 按钮，在新打开的页面中选择自己的操作系统所用的 JDK 下载即可。

2．安装 JDK

1）双击 jdk-6u7-windows-i586-p.exe 文件，将弹出“许可证协议”对话框，如图 1–1 所示，单击“接受”按钮，并单击“下一步”按钮。

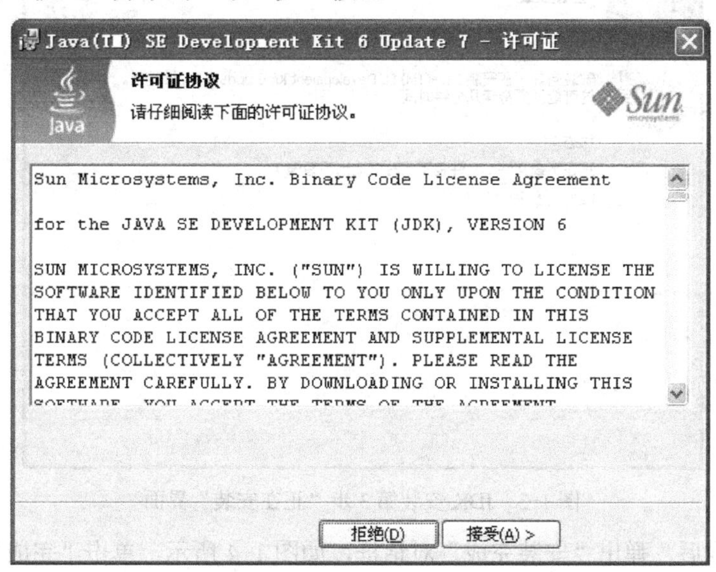

图 1–1　JDK 安装第 1 步“许可证协议”界面

2）弹出“自定义安装”对话框，此处可根据需要自己设定安装内容，但一般情况下均按默认选项安装，此处主要更改的是安装路径，单击右下方的“更改”按钮，可以改变 JDK 的安装路径。设定完成后，直接单击“下一步”按钮，启动安装进程，如图 1-2 所示。

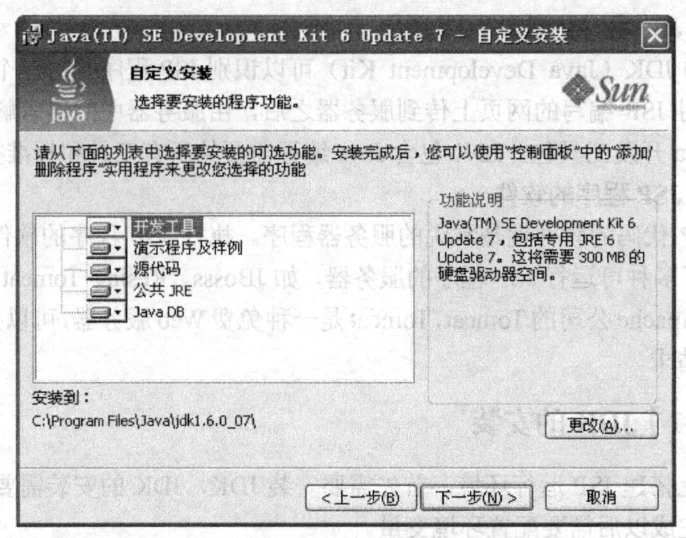

图 1-2　JDK 安装第 2 步“自定义安装”界面

3）计算机开始安装 JDK，弹出“正在安装”对话框，动态显示安装进度，如图 1-3 所示。

学习提示：JDK 及 Tomcat 的各个版本安装及使用方法大同小异，尤其是对初学者而言没有任何区别，所以下载哪个版本都可以。

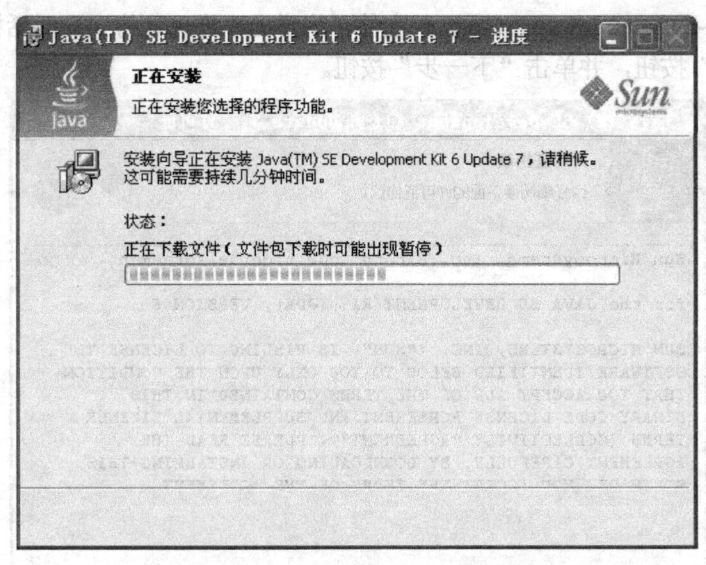

图 1-3　JDK 安装第 3 步“正在安装”界面

4）安装完成后，弹出“安装完成”对话框，如图 1-4 所示，单击“完成”按钮，结束整个安装过程。至此，JDK 成功安装到计算机中。

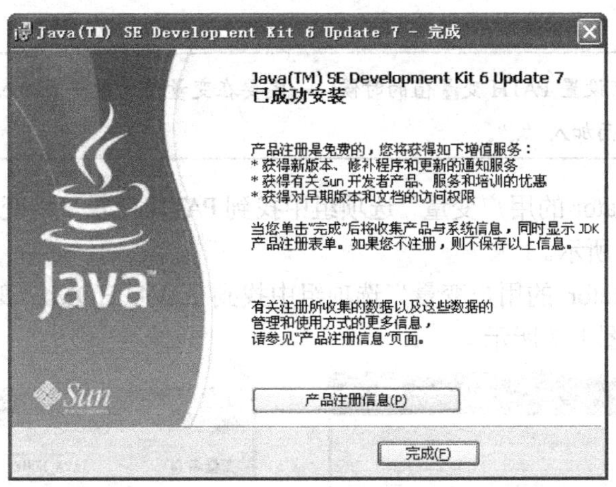

图 1-4　JDK 安装第 4 步“安装完成”界面

3．JDK 的文件

完成 JDK 的安装后，安装文件夹下主要有以下 6 个子文件夹。

1）bin：提供 JDK 工具程序，包括 javac、java、javadoc 和 appletviewer 等可执行程序。

2）demo：存放 Sun 公司为 Java 使用者提供的一些已经编写好的范例程序。

3）lib：存放 Java 的类库文件，即程序实际上使用的是 Java 类库。JDK 中的工具程序大多也是由 Java 编写而成的。

4）jre：jdk 本身的运行环境，客户端只要有运行环境就能运行编写的程序了。

5）include：Java 和 JVM 交互用的头文件，JVM 即 Java 虚拟机。

6）src.zip：Java 提供的 API 类的源代码压缩文件。如果需要查看 API 的某些功能是如何实现的，可以查看这个文件中的源代码内容。

4．配置 JDK 环境变量

成功安装完成后，需要配置环境变量，其操作步骤如下。

1）在桌面上找到“我的电脑”图标并右击，在弹出的快捷菜单中选择“属性”命令，弹出“系统属性”对话框，选择“高级”选项卡，单击“环境变量”按钮，系统会自动弹出“环境变量”对话框，如图 1-5 所示。

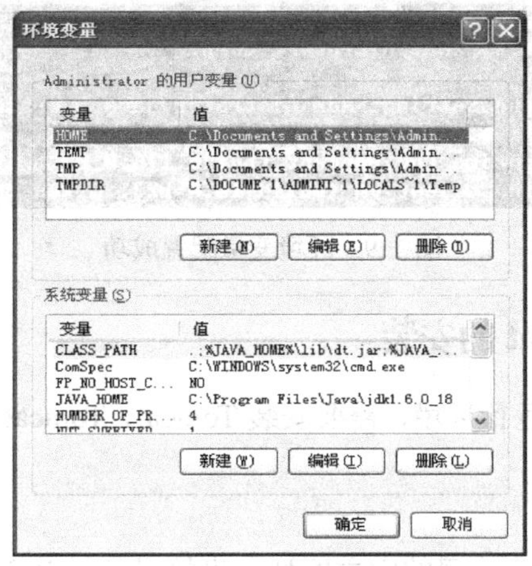

图 1-5　“环境变量”对话框

学习提示：下面在设置 PATH 变量值的时候，一定要在变量值的最前面加入“;”，在设置 classpath 变量值的时候需要在前面加入“.;”。

2）在“Administrator 的用户变量”选项组中找到 PATH 变量，将变量值设置成 JDK 的安装路径\bin，如图 1-6 所示。

3）在“Administrator 的用户变量”选项组中找到 JAVA_HOME 变量，将变量值设置成 JDK 的安装路径，如图 1-7 所示。

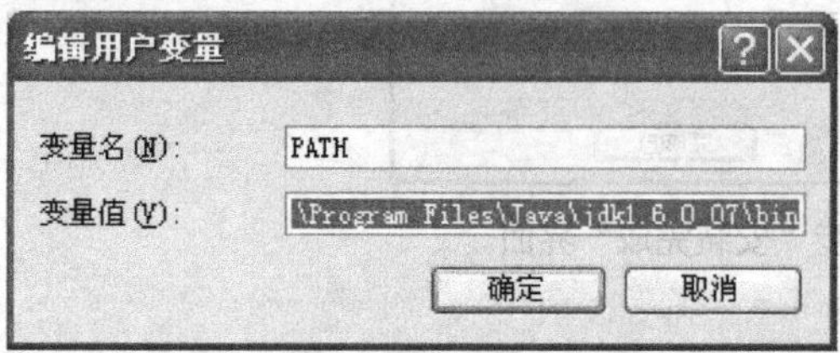

图 1-6 设置 PATH 变量

图 1-7 设置 JAVA_HOME 变量

4）在“系统变量”选项组中将 classpath 变量值设置为“.;C:\Program Files\Java\jdk1.6.0_07\jre\lib*.jar”，如图 1-8 所示。

图 1-8 设置 classpath 变量值

5）测试 JDK1.5 的环境变量是否配置成功。

选择“开始”→“运行”命令，在弹出的对话框中输入 cmd，进入命令提示符下，输入命令 java -version，出现如图 1-9 所示的提示信息，说明环境变量配置成功。

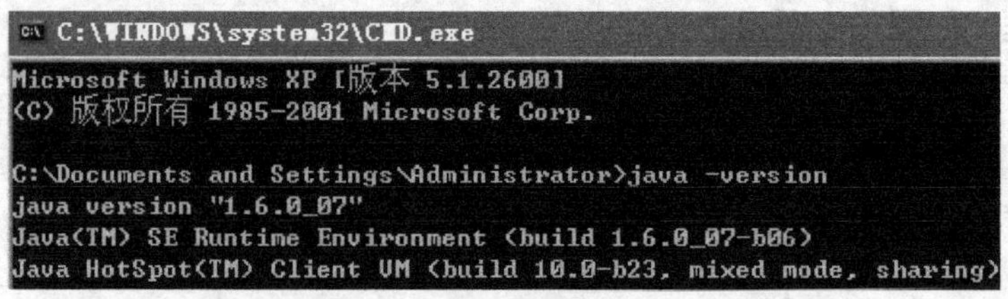

图 1-9 环境变量配置成功

1.4.3 【案例 1-2】Tomcat 的安装

要在计算机上搭建 JSP 运行环境，需要安装 Tomcat，Tomcat 的安装需要经历下载与安装两个步骤。

1. 下载 Tomcat

Tomcat 的下载可以在 Sun 公司的官方网站上直接进行，其下载与安装流程如下。

1）登录 Sun 公司的官方网站 http://java.sun.com。

2）在页面上找到下载链接，打开下载页面，根据需要下载相应的版本，然后单击对应版本文件后面的 Download 按钮，在新打开的页面中选择自己操作系统所用的 JDK 下载即可。

2. 安装 Tomcat

1）双击下载后的安装文件 apache-tomcat-6.0.exe，将弹出如图 1-10 所示的欢迎安装 Tomcat 界面，单击 Next 按钮。

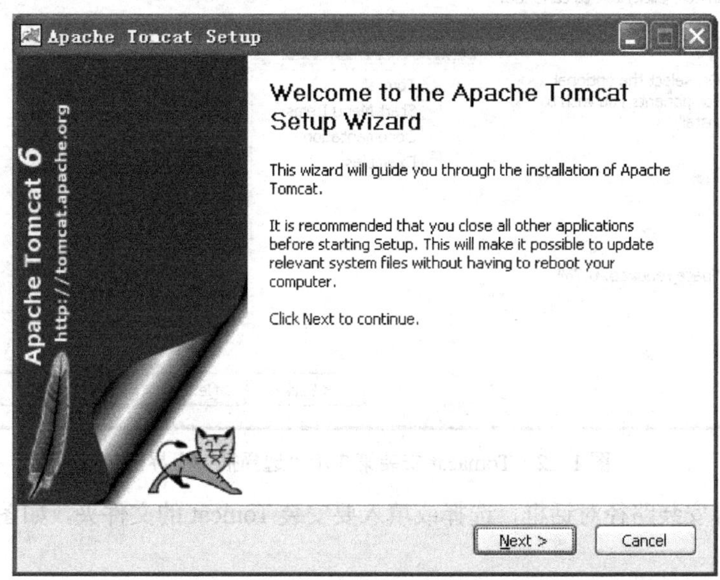

图 1-10 Tomacat 安装第 1 步"安装"界面

2）弹出许可协议对话框，如图 1-11 所示，单击 I Agree 按钮，继续安装。

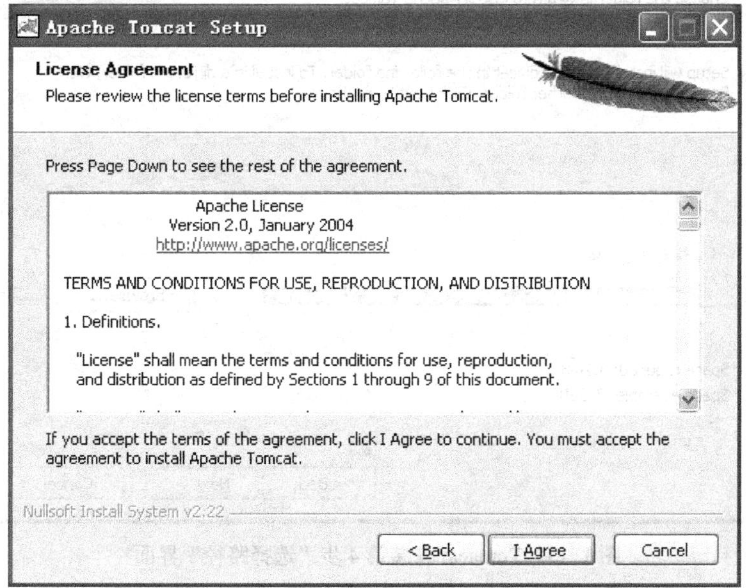

图 1-11 Tomcat 安装第 2 步"许可协议"界面

3）弹出如图 1-12 所示的对话框，该对话框用于选择相关的插件，一般在 Select the type of install 下拉列表框中选择 Full 选项，即选择全部插件。单击 Next 按钮。

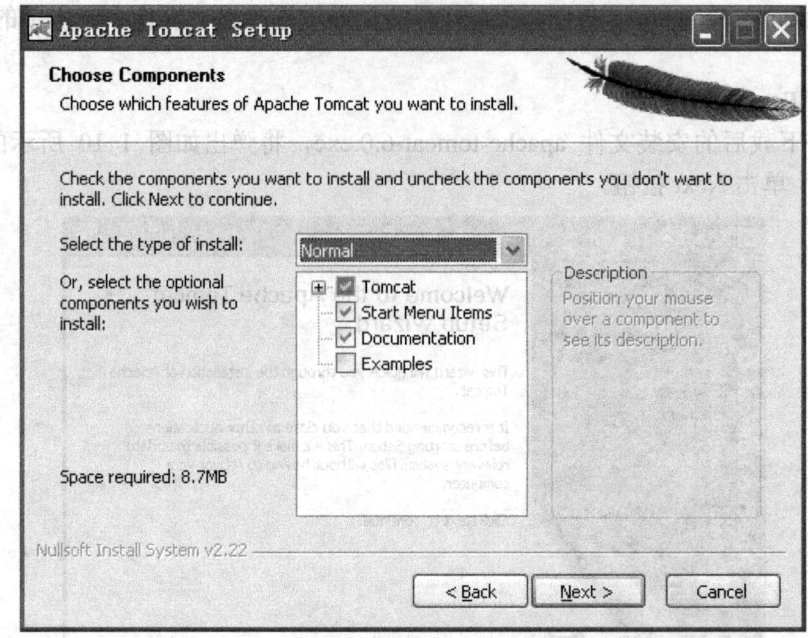

图 1-12　Tomcat 安装第 3 步“选择插件”界面

4）弹出选择安装路径对话框，选择或填入要安装 Tomcat 的文件夹，如图 1-13 所示，单击 Next 按钮。

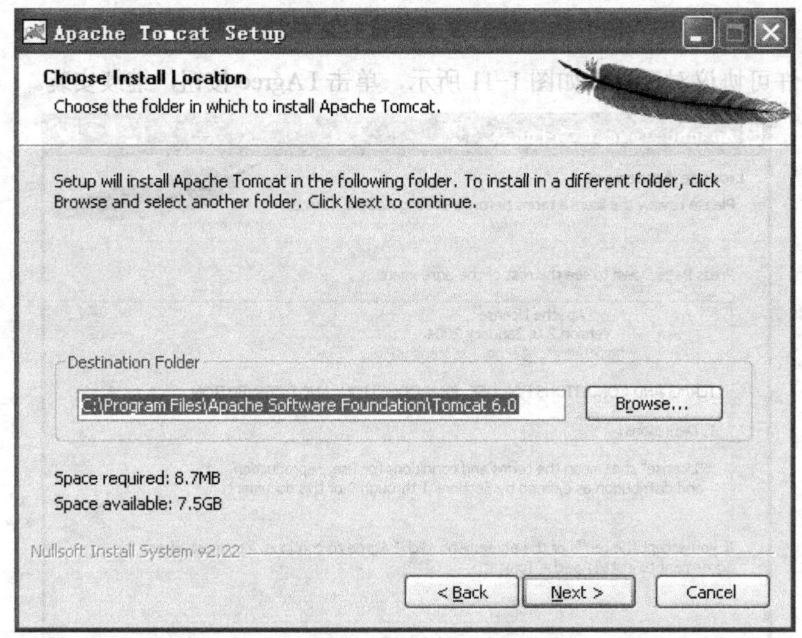

图 1-13　Tomcat 安装第 4 步“选择路径”界面

5）在弹出的对话框中设置 JSP 程序运行所使用的端口号，在 HTTP/1.1 Connector Port 后面的文本框中输入要使用的端口号即可。系统默认为 8080，一般不用修改。User Name（用户名）默认为 admin，Password（口令）默认为空，一般不用修改，如图 1-14 所示，单击 Next 按钮。

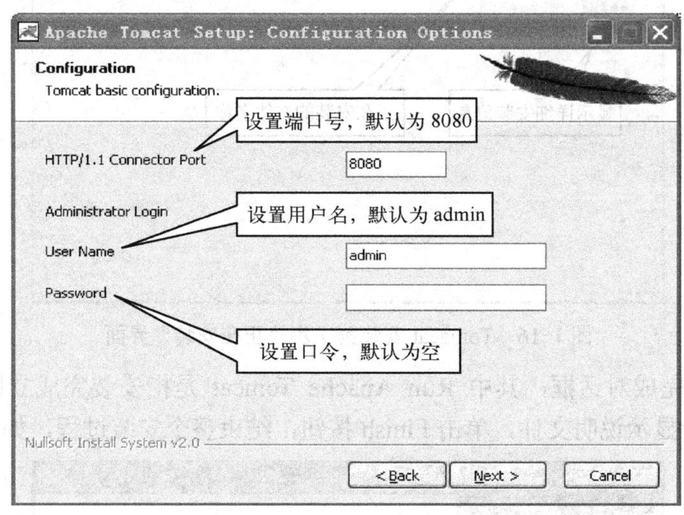

图 1-14　Tomcat 安装第 5 步“设置端口号”界面

6）弹出 Java 虚拟机路径选择对话框，Tomcat 运行 JSP 程序时要使用 JVM 编译和执行源代码，Tomcat 是 JSP 运行的服务器程序，而 JDK 则提供了 JSP 程序运行时所需要的所有条件，如函数库等。安装 Tomcat 时必须指明 JDK 安装路径，如图 1-15 所示。需要特别注意的是，此处填写的路径必须与安装 JDK 的路径完全一致。

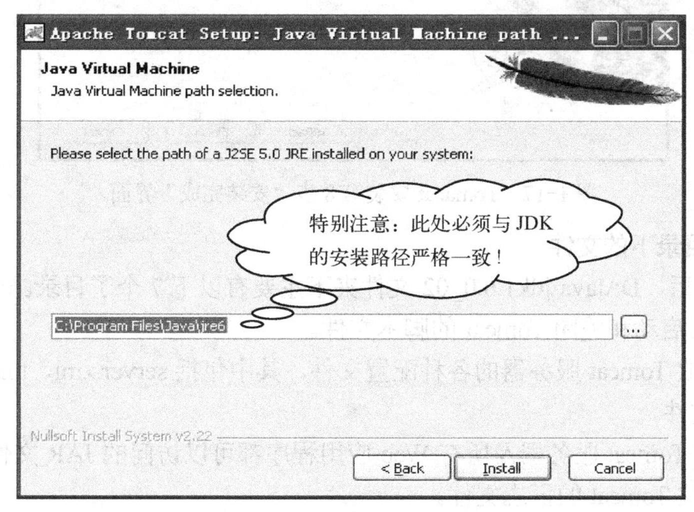

图 1-15　Tomcat 安装第 6 步“选择路径”界面

7）开始安装 Tomcat，动态显示安装进度，如图 1-16 所示，安装完成后，单击 Next 按钮。

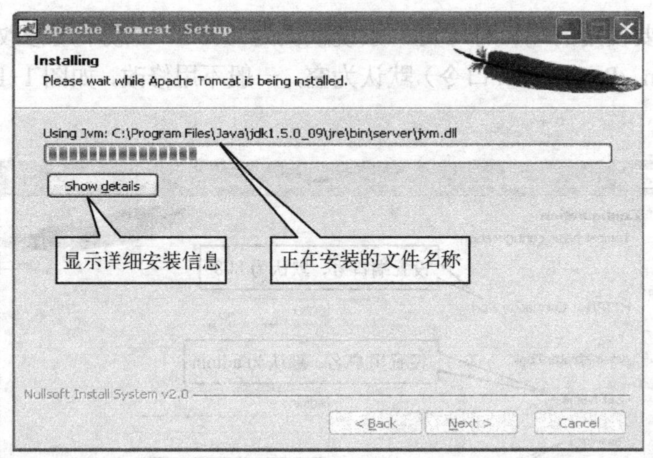

图 1-16　Tomcat 安装第 7 步“正在安装”界面

8）弹出安装完成对话框，其中 Run Apache Tomcat 是指安装完成立即运行 Tomcat，ShowReadme 是指显示说明文件，单击 Finish 按钮，结束整个安装过程，如图 1-17 所示。

图 1-17　Tomcat 安装第 8 步“安装完成”界面

3．Tomcat 目录下的文件

安装 Tomcat 后，D:\Java\jdk1.6.0_02 文件夹下主要有以下 7 个子目录。

1）bin：存放启动和关闭 Tomcat 的脚本文件。

2）conf：存放 Tomcat 服务器的各种配置文件，其中包括 server.xml、tomcat-users.xml 和 web.xml 等配置文件。

3）lib：存放 Tomcat 服务器及所有 Web 应用程序都可以访问的 JAR 文件。

4）logs：存放 Tomcat 的日志文件。

5）temp：存放 Tomcat 运行时产生的临时文件。

6）webapps：存放要发布 Web 应用程序的目录及其文件，以后部署的应用程序需要放在此目录下。

7）work：存放 JSP 生成的 Servlet 源文件和字节码文件。

以往安装完 JDK 及 Tomcat 后，要配置系统环境，才能正常运行，但现在安装后即可直接运行，本书不再赘述。

1.4.4 【案例 1–3】服务器测试

打开 IE 浏览器，在地址栏中输入 http://localhost:8080/后，将看到如图 1-18 所示的界面，至此，JSP 环境安装成功。

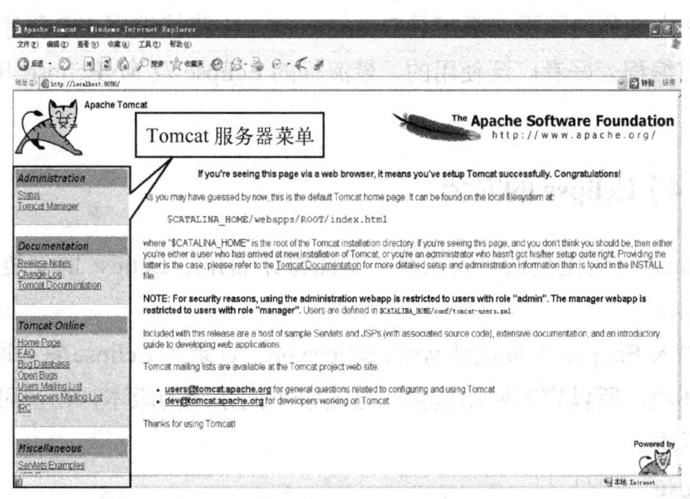

图 1-18　Tomcat 运行环境界面

1.4.5　JSP 环境安装常见问题处理

有时 JSP 服务器环境的安装并不如想象的那样一帆风顺，尤其是初学者遇到问题是一种很正常的现象。表 1-1 对常见问题及其解决办法做了详细介绍，以帮助初学者顺利搭建自己的编程环境。

表 1-1　JSP 环境安装常见问题

问题	解决办法
问题 1： 键入 http://127.0.0.1:8080/后显示无法显示网页 原因： 没有开启服务器	解决办法：这是初学者经常遇到的问题，多是源于初学者常常忘记启动服务器，解决方法是双击状态栏服务器图标，打开服务器窗口，将服务器设置为自动启动
问题 2： 键入 http://127.0.0.1:8080/测试页面正常显示，但无法运行任何一个正确无误的 JSP 程序。 原因：JDK 安装不正确而导致的问题，未安装、在 Tomcat 之后安装 JDK，以及安装 Tomcat 时指定的 JDK 目录不正确，均可导致上述现象的发生	解决办法：删除 JDK 与 Tomcat，先安装 JDK，然后再安装 Tomcat，安装 Tomcat 时一定要将 JDK 的目录指定正确
问题 3： 安装 Tomcat 后找不到文件。 原因：安装 Tomcat 时未指明 JDK 安装路径	解决办法：如果没有得到正确的 JSP，请确保在 tomcat.bat 文件中 JAVA_HOME 正确地指向 JDK 安装根目录
问题 4： 无法启动 Server。 原因：JDK 安装时，把键名本地化了	解决办法：将键名改回英文，再在 IE 浏览器中输入 http://127.0.0.1:8080/

1.5 JSP 开发工具

JSP 的开发工具很多，从最简单的记事本到最流行的集成开发环境 Eclipse 都能完成 JSP 程序的开发。JSP 的各种开发环境中，目前比较著名的有 IBM 公司的 Eclipse、Sun 公司的 NetBeans 和 Borland 公司的 JBuilder 等。目前较常用的是 IBM 公司的 Eclipse，而众多网站制作人员也热衷于在大众化的网页排版工具 Dreamweaver 中直接编写 JSP 程序。

本节将就目前编程爱好者广泛使用的、最流行的 Eclipse 及 MyEclipse 开发环境安装进行详细讲解。

1.5.1 【案例 1-4】Eclipse 的安装

本书选择 Eclipse 作为主要的开发工具，下面将详细介绍 Eclipse 的安装与配置。

1．下载 Eclipse

在浏览器中输入 Eclipse 主页地址 www.eclipse.org，登录到 Eclipse 官方网站，由于 Eclipse 是跨平台的开发环境，所以官方网站提供了适用于不同系统的版本，用户可以根据编程需要下载相应的软件版本。

2．安装 Eclipse

1）双击 eclipse.exe 文件，启动安装程序，出现安装界面，填写工作路径，单击 OK 按钮，安装程序将立即执行，如图 1-19 所示。

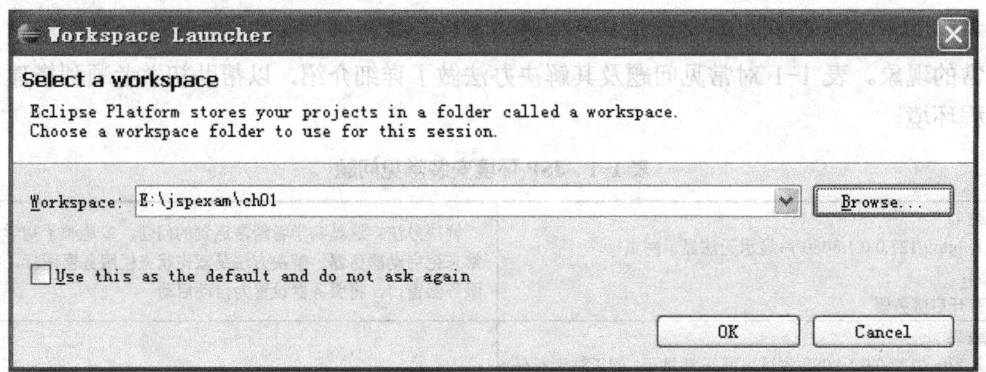

图 1-19 “工作路径选择”界面

2）安装完成后，直接进入 Eclipse 欢迎主界面，如图 1-20 所示。

学习提示： 此软件下载完毕后，将其压缩包解压以后即可使用，无须安装。

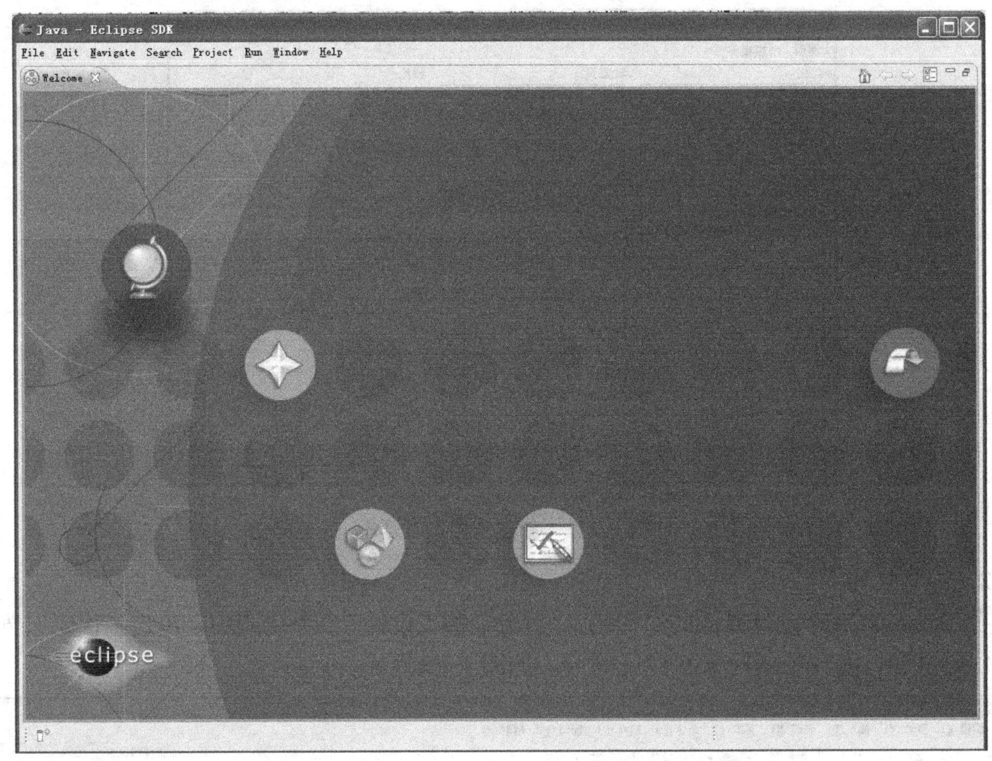

图 1-20　Eclipse 欢迎主界面

1.5.2 【案例 1–5】用 Dreamweaver 编写 JSP 程序

用什么编写 JSP 程序最好呢？其实最能锻炼初学者的是记事本，因为在记事本中每行代码都要亲自录入，包括 HTML 文本都必须一个字母一个字母地逐一键入，程序方可正常运行。但用记事本编写 JSP 程序也是最麻烦的，教师提倡使用，而学生不愿意使用。刚刚讲过的 Eclipse 则与 VB 的集成开发环境类似，比较专业。

Dreamweaver 可以自动生成 HTML 代码，编程者只需在其中加入 JSP 小程序即可，使用极其方便。使用 Dreamweaver 不必像记事本和 Eclipse 那样一行一行地键入 HTML 代码，而可以将更多的精力集中在 JSP 代码的编写上，而且在编写 JSP 的同时还可以很方便地运用 Dreamweaver 设计前台界面。

学习提示： 记事本方便，随处可见；Dreamweaver 易用、自动化程度高；Eclipse 专业、流行。建议初学时用记事本，代码熟练后用 Eclipse，制作网页时用 Dreamweaver。

使用 Dreamweaver 编写 JSP 程序的操作步骤如下。

1. 新建 JSP 文件

启动 Dreamweaver。选择“文件”→“新建”命令，弹出如图 1-21 所示的对话框，设置“类别”为“动态页”，单击右侧选择 JSP 复选框。

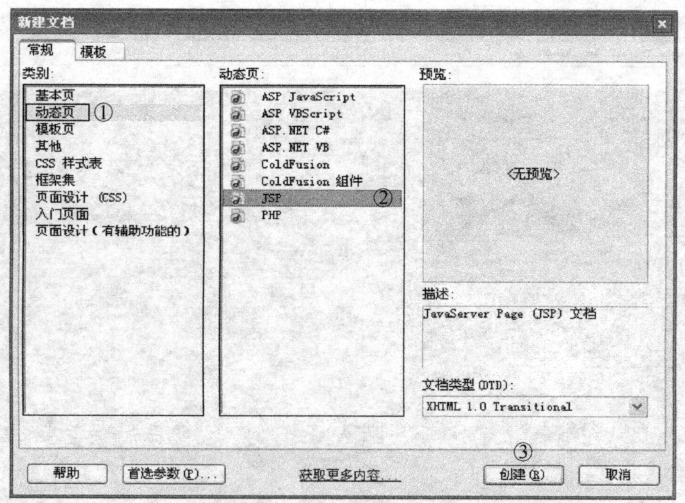

图 1-21 “新建文档”对话框

2. 编写代码

在 Dreamweaver 设计界面的“代码”“拆分”和“设计”3 个视图中，单击“代码”按钮，进入代码视图，在其中编写 JSP 代码即可，如图 1-22 所示。

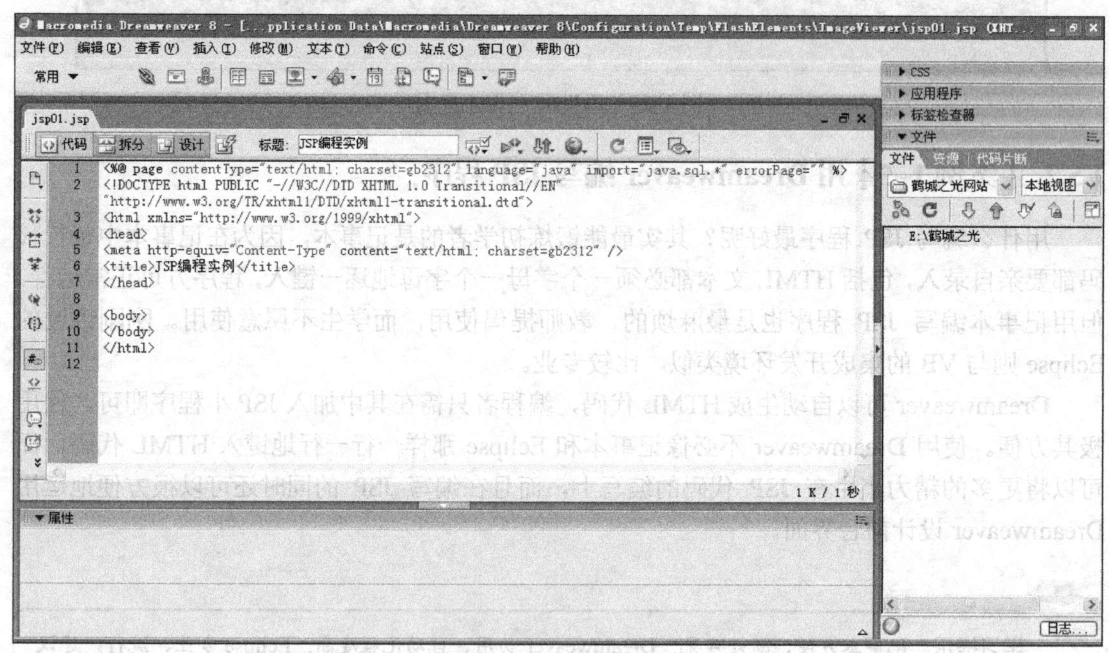

图 1-22 使用 Dreamweaver 编写 JSP 代码界面

3. 编译运行

JSP 代码编写完成后，必须保存到 Tomcat 文件夹的 Root 子文件夹中才能正常运行，其默认路径为 Tomcat 安装文件夹下面的 webapps\ROOT。例如，默认情况下安装 Tomcat 到 C 盘 program files 文件夹时，其路径为：C:\Program Files\Apache Software Foundation\Tomcat 6.0\webapps\ROOT，在浏览器中输入 http://127.0.0.1:8080/JSP01.JSP，其中 127.0.0.1 代表本机，

8080 为 JSP 服务器所占用的端口号，JSP01.JSP 为所编写的 JSP 程序名称，JSP 编写的程序扩展名统一为.JSP。

4．创建虚拟目录

1）创建办法。Root 目录比较深，每次使用起来极不方便，但 JSP 提供了虚拟路径，可以很方便地解决路径问题。其设置方法很简单，在 Tomcat 配置文件 server.xml 里面进行简单修改即可，在</Host>前面添加下面语句。

```
<Context path="虚拟目录的名称" docBase="虚拟目录"/>
```

图 1-23 是用记事本修改 server.xml 文件的界面。

图 1-23　用记事本修改 server.xml 文件的界面

2）创建实例。创建 E:\JSPtech 为 JSP 文件运行虚拟目录。用记事本打开 Tomcat 安装目录 conf 文件夹中的 server.xml 文件，添加内容如下。

```
<Host name="localhost" appBase="webapps"
  <Context path="/JSPtech"docBase="E:\JSPtech"debug="0"reloadable="ture"/>
</Host>
```

保存设置之后，可以将建立的 JSP 文件（如 first.jsp）保存在 E:\JSPtech 文件夹中，通过在浏览器中输入 http://127.0.0.1:8080/JSPtech/first.jsp 来运行。

1.6　JSP 程序实例

经过前几节的铺垫，本节将着重研究怎样创建和运行 JSP 程序。其方式有两种，一种是应用记事本来编写 JSP 程序，另一种是运用 Eclipse 来实现。接下来将详细介绍这两种方式。

1.6.1 【案例 1-6】使用记事本编写 JSP 程序

使用记事本创建第一个 JSP 程序 first.jsp，源代码如下。

```
<html>
    <head><title>第一个 JSP</title></head>
        <body>
        <h1><%out.println("我爱 JSP");%></h1>
            <h2><%out.println("第 1 个 JSP  程序");%></h2>
        </body>
    </html>
```

1.【程序说明】

在 Tomcat 服务器中创建 Web 应用程序目录和运行程序的操作步骤如下。

1）进入 Tomcat 的安装目录 Webapps，可以看到 ROOT、examples 和 tomcat-docs 等 Tomcat 自带的目录。

2）在 Webapps 目录下新建一个目录，命名为 char01。

3）将 exam1-1 文件复制到 char01 文件夹中。

2.【执行效果】

在浏览器中输入 http://127.0.0.1:8080/char01/exam1-1.jsp，运行结果如图 1-24 所示。

图 1-24　exam1-1.jsp 运行结果

1.6.2 【案例 1-7】使用 Eclipse 编写 JSP 程序

前面介绍了如何运用记事本来编写 JSP 程序，本节将详细介绍如何运用 Eclipse 工具来编写 JSP 程序。

1）打开 Eclipse 工具，新建动态 Web 项目，其创建过程如图 1-25 所示。

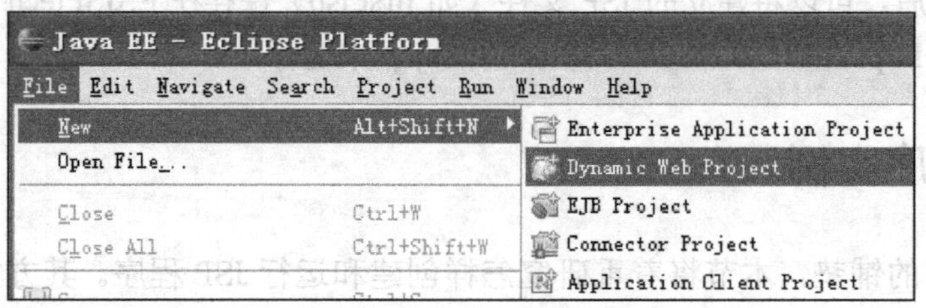

图 1-25　新建动态 Web 项目

2）在弹出的对话框中输入项目名称，这个项目名称可以是自定义的，单击 Finish 按钮，完成操作，如图 1-26 所示。

3）找到 Webcontent 文件夹并右击，在弹出的快捷菜单中选择 New→JSP 命令，如图 1-27 所示。

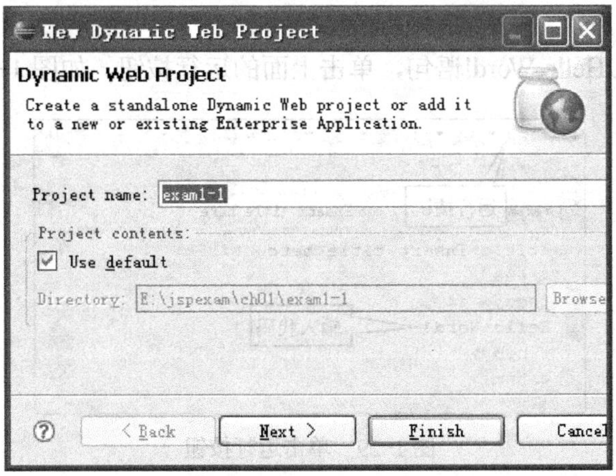

图 1-26　项目命名

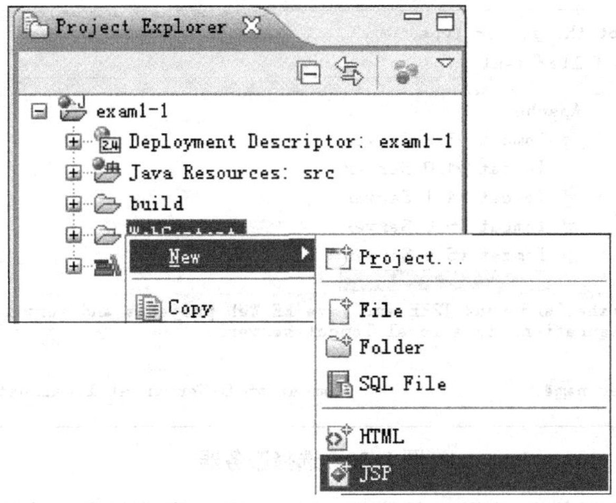

图 1-27　创建 JSP 程序

4）在弹出的对话框中输入文件名，这里的文件名称是用户自定义的，单击 Finish 按钮，完成操作，如图 1-28 所示。

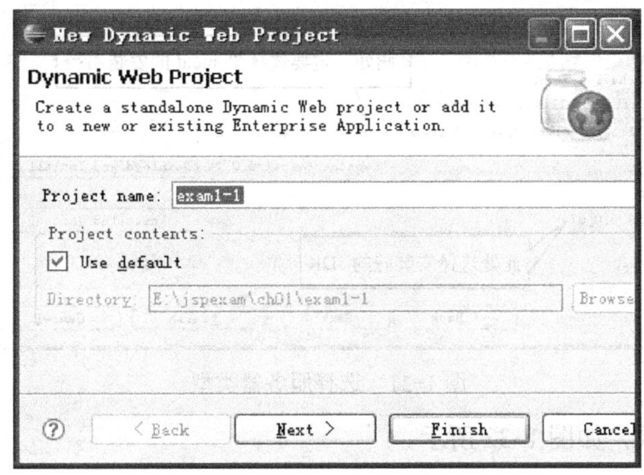

图 1-28　自定义 JSP 文件名称

5）在代码中输入Hello Word!语句，单击上面的运行按钮，如图1-29所示。

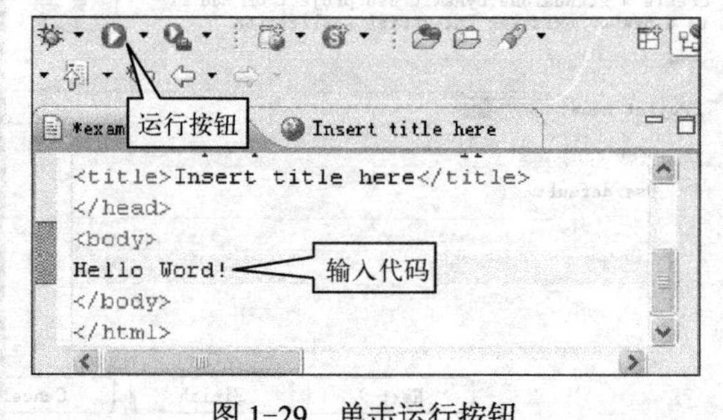

图1-29　单击运行按钮

6）选择Apache下的Tomcat v6.0 Server选项，单击Next按钮，如图1-30所示。

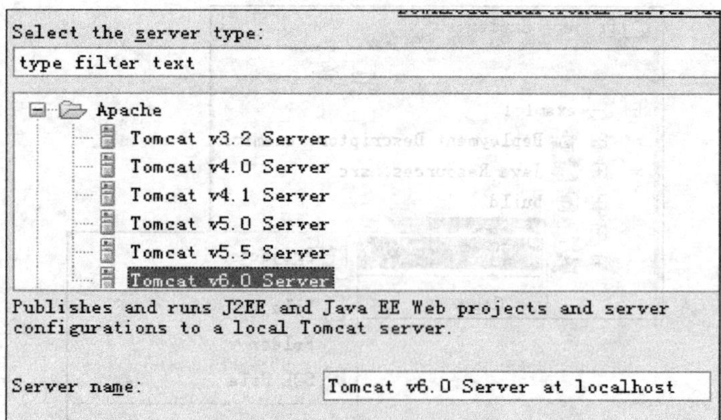

图1-30　选择服务器

7）选择要用到的服务器类型，单击Finish按钮，完成操作，如图1-31所示。

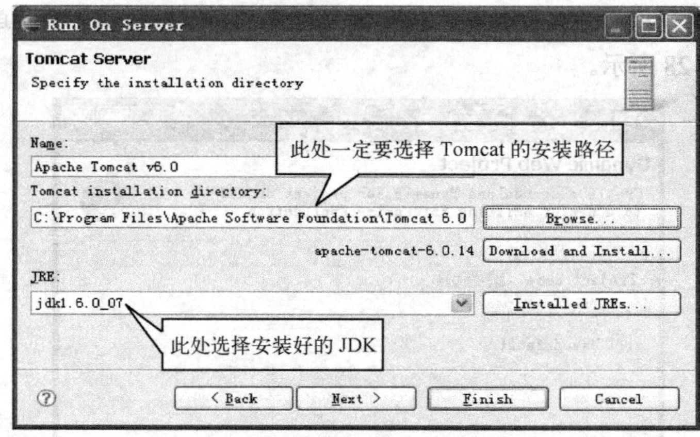

图1-31　选择服务器类型

8）查看运行结果，如图1-32所示。

图 1-32　运行结果

1999 年 Sun 公司推出了 JSP。JSP 因网络而生，并且在网络世界中不断成长。网络编程主要有 ASP/ASP.NET、PHP 和 JSP 共 3 种。JSP 涉及 Servlet、JavaBean、Struts、Java EE、XML、JSF 和 Ajax 共 7 个概念。JSP 共有单纯 JSP 模式、JSP+JavaBean 模式、JSP+JavaBean+Servlet 实现、Struts 框架实现和 Java EE 实现 5 种开发模式。JSP 开发环境由 JDK 与 Tomcat 组成，开发时可以使用记事本、Eclipse 和 Dreamweaver 等进行。

一、填空题

1．从制作角度讲，网站包括两部分：一是（　　），二是（　　）。

2．JSP 是（　　）的缩写，它是一种服务器端脚本语言。

3．目前广泛用于因特网环境下的编程语言主要是 3P，即（　　）、（　　）和（　　），这 3 种语言三足鼎立，各有独特的优越之处，又彼此拥有共同的对象成分。

4．通俗地说，Servlet 就是在服务器上运行的（　　）小程序。

5．Java EE 是一个虚的大的概念，Java EE 标准主要有 3 种子技术标准：（　　）、（　　）和（　　）。

6．Ajax 由（　　）、JavaScript 技术、（　　）和（　　）组成。

7．JSP+JavaBean+Servlet 模式即现在广泛流行的 MVC 模式，MVC 模式中的 M 代表（　　），V 代表（　　），C 代表（　　）。

8．Java EE 平台共有三大核心技术：（　　）（　　）和（　　）。

9．JDK 包含 Java 编程需要的所有工具和（　　）。

10．Tomcat 是一种免费 Web 服务器，可以处理关于（　　）、（　　）和（　　）的请求。

11．要在计算机上搭建 JSP 运行环境，首先需要安装（　　）。

12．前台页面部分主要是用网页排版工具将（　　）、（　　）和动画等页面元素组织在一起，使用 Photoshop、Dreamweaver 和 Flash 等工具就能轻松实现。而后台功能部分则需要通过（　　）实现。

13．ASP 的全称为（　　），它是由微软公司推出的一个 Web 服务器端的开发环境，是最通用的网络编程语言之一，利用它可以产生和执行动态的、（　　）、（　　）的 Web 服务应用程序。

14．PHP 即 Personal Home Page，它是一种（　　）、（　　）嵌入式脚本语言。

15．PHP 使 Web 开发者能够快速地写出（　　）产生的页面。它支持所有（　　）。

16．JSP 规范是（　　）、（　　）、（　　），以及开发工具供应商间广泛合作的结果。

17．JavaBean 就是按照一定规范把（　　）与其相应操作封装到一起的一个（　　）类。

18．Struts 是一个基于 Sun Java EE 平台的（　　）框架，主要是采用 Servlet 和 JSP 技术来实现的。

二、选择题

1．Java 诞生于（　　）。

A．1995 年 1 月　　B．1994 年 1 月

C．1996 年 1 月　　D．1997 年 1 月

2．JSP 是由（　　）公司推出的。

A．微软　　B．Macromedia

C．IBM　　D．Sun

3．以下哪种服务器不可运行 JSP 程序？（　　）

A．JBosss　　B．Resin

C．Sun　　D．Tomcat

4．Tomcat 是一种免费 Web 服务器，可以处理关于 HTML、（　　）和 Servlet 的请求。

A．ASP　　B．PHP

C．JSP　　D．C#

5．要在计算机上搭建 JSP 运行环境，首先需要安装 JDK，其次需要安装（　　）。

A．Tomcat　　B．SQL

C．Oracle　　D．Word

6．bin 是存放启动和（　　）的脚本文件。

A．JSP　　B．VB

C．JAVA　　D．Tomcat

7．MyEclipse 是（　　）的插件，也是一款功能强大的 Java EE 集成开发环境，支持代码编写、配置、测试及除错。

A．Eclipse　　B．Dreamweaver

C．JDK　　D．Tomcat

8．在 Dreamweaver 中，设计界面的视图分别为代码视图、拆分视图和（　　）视图。

A．设计　　B．普通

C．页面　　D．Web

9．以下选项中哪个不是 JSP 开发工具？（　　）

A．JBuilder　　B．记事本

C．Word　　D．Dreamweaver

10．work 子目录存放 JSP 生成的 Servlet 源文件和（　　）文件。

A．编码　　B．字节码

C．ASCII 码　　D．字节

11．Eclipse 是（　　）软件。

A．JSP 服务器　　B．JSP 语言解释机

C．JSP 开发环境　　D．JSP 编译器

12．JSP 默认端口号是（　　）。

A．:80　　B．:21

C．:8080　　D．:2121

13．JDK 工具程序存放在（　　）文件夹中。

A．bin　　B．src.zip

C．lib　　D．jre

14．Rss 是典型的（　　）。

A．HTML　　B．JSP

C．Java EE　　D．XML

15．JSP 文件的扩展名是（　　）。

A．PHP　　B．JSP

C．JAR　　D．JAVA

16．目前广泛流行的 MVC 框架是（　　）。

A．JSP+JavaBean　　B．Struts

C．Java EE　　D．JSP+JavaBean+Servlet

17．（　　）提供了一种以组件为中心的用户界面构建方法。

A．JSP　　B．struts

C．JSF　　D．XML

18．以下不属于 3P 语言的是（　　）。

A．PHP　　B．JSP

C．ASP.Net　　D．XML

19．以下不能跨平台应用的有（　　）。

A．JSP　　B．PHP

C．Java　　D．ASP

20．JSP 文件中正常运行必须存入（　　）文件夹。

A．lib　　B．demo

C．jre　　D．Root

三、判断题

1．Servlet 必须在服务器上运行。（　　）

2．ASP 是由 IBM 公司推出的。（　　）

3．JSP 具有平台无关性。（　　）

4．Servlet 是位于 Web 服务器外部的服务器端的 Java 应用程序，与传统的从命令行启动

的 Java 应用程序不同。（　　）

5．JavaBean 是一种组件，它在外部有接口或有与其相关的属性。（　　）

6．Struts 主要是采用 Servlet 和 JSP 技术来实现的。（　　）

7．XML 是 The Extensible Markup Language（可扩展标识语言）的简写。（　　）

8．Dreamweaver 不可编写 JSP 代码。（　　）

9．Java EE 是 JSP 的语言解释器。（　　）

10．Ajax 是一种创建交互式网页应用的网页开发技术。（　　）

四、问答题

1．什么是 Servlet？简述其本质和特点。

2．JSP 程序有哪几种开发模式？简述每种开发模式。

第2章　JSP语言基础

本章知识结构框图

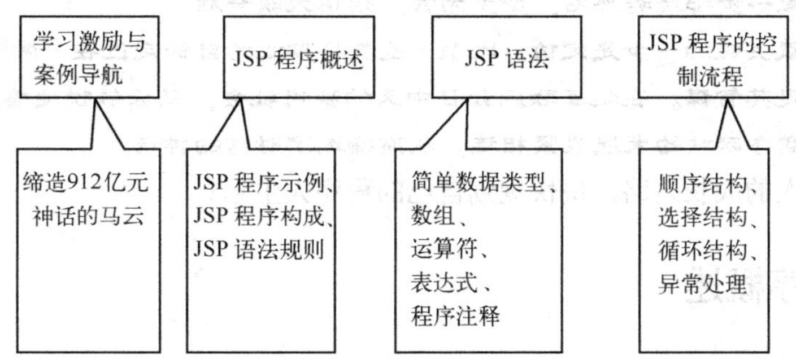

本章知识要点

1. JSP程序的组成及语法规则。
2. 简单数据类型、数组、运算符和表达式。
3. 顺序结构、选择结构和循环结构。
4. 异常处理。

本章学习方法

1. 奠定基础，理论先行，加强理解，熟记基本理论。
2. 广泛阅读相关资料，深度拓展知识范围。
3. 查阅已经学过的网络技术、电子商务概论等书籍，温故知新。

学习激励与案例导航

缔造 912 亿元神话的马云

马云，阿里巴巴集团主席和首席执行官、软银集团董事、杭州师范大学阿里巴巴商学院院长、华谊兄弟传媒集团董事。

马云的人生因网络而辉煌，阿里巴巴网站因马云而风靡全球。一个好的项目造就一个成功的人生。从 1995 年一个普通的英语教师到 1999 年创办阿里巴巴；从 2002 年"全年盈利 1 块钱"的目标到 2003 年"一天收入一百万"的蓝图；再到 2004 年"一天盈利一百万"的成就，2005 年"一天纳税一百万"的惊天之语，2015 年双 11 更是缔造了一天销售额 912 亿元的神话。马云每走一步都坚若磐石，步步为营，招招大获全胜。

马云的成功最关键的一步是定位。比尔·盖茨将事业的目标定位在"微"小的"软"件，在那个年代，足见其智谋。在这互联网如日中天的现代社会，马云敏锐地嗅到了商机，将自己的人生与电子商务网站的发展紧紧相连，从而缔造了财富的神话。

看看业界名人的成长之路，快快规划自己的程序人生吧！

2.1 JSP 程序概述

JSP 程序遵循 Java 的语法规则，是 HTML 标记与 Java 语言两者的融合，在网站的页面中按照语法规则嵌入动态代码，就构成了 JSP 程序。

2.1.1 【案例 2–1】JSP 程序示例

JSP 编程其实很简单，JSP 的功能十分强大，如果有 ASP 语言的基础，将可以轻松掌握 JSP 编程。首先看一个简单的 JSP 程序文件，以此引例窥一斑而见全豹。这是一个最简单的 JSP 程序，其操作步骤如下。

1）启动 Eclipse 开发环境，新建工程 char02，在工程 char02 里新建 JSP 文件 exam2–1.jsp。

2）在自动生成的代码中输入代码，如图 2–1 所示。

```
out.println("JSP 的世界很精彩，美好的明天等你来！");
```

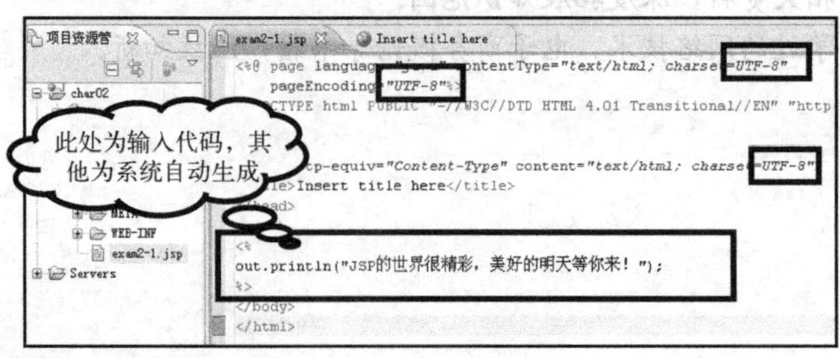

图 2–1　输入代码示例

3）为了能够显示汉字，需要将默认的字符集修改为 UTF-8，如图 2–1 中方框所示。

4）运行程序，运行结果如图 2–2 所示。

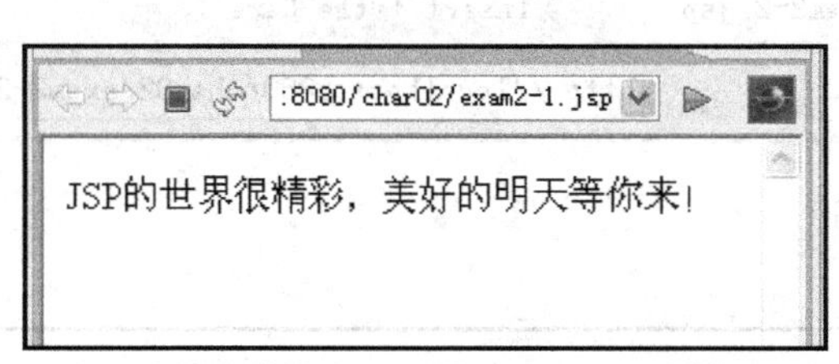

图 2-2　JSP 示例程序运行结果

2.1.2　JSP 程序构成

网页的组成通常包括两部分，一是由 HTML 标记语言组成的静态部分，二是由编程语言编写的动态部分。JSP 程序也由静态与动态两部分组成，静态部分由 HTML 代码组成，一般由 Dreamweaver 等工具自动生成；动态部分则由 JSP 程序片组成。

1．静态部分

JSP 的静态部分，即 HTML 代码部分，也称为 JSP 页面的模板，用来显示页面元素，如果使用 Dreamweaver 环境开发 JSP 程序，这部分代码将自动生成。

2．动态部分

JSP 程序的动态部分由 Java 程序及其相关元素组成，这部分与 HTML 代码混合在同一个网页文件中，通常将 JSP 网页文件中的 Java 程序部分统称为程序片，具体包括以下几项内容。

1）脚本元素（Scriptlet）。在 JSP 程序的代码中，大部分都是由脚本小程序组成的，所谓脚本小程序，就是程序中直接包含了 Java 代码。在 JSP 中脚本元素共分为 3 种。

<%　%>：定义局部变量。

<%!　%>：定义全局变量。

<%=　%>：表达式输出，专门输出变量或一个具体值。

【案例 2-2】 JSP 程序片示例。

在工程 char02 里新建 JSP 文件 exam2-1.jsp，在自动生成的代码中录入如下代码，程序运行结果如图 2-3 所示。

```
<%
    int a=0;
    int i=0;
    int sum=0;
    do{
      sum=sum+a;
      a=a+1;
      i=i+1;
    }
    while(i<=100);
    out.println(sum);
%>
```

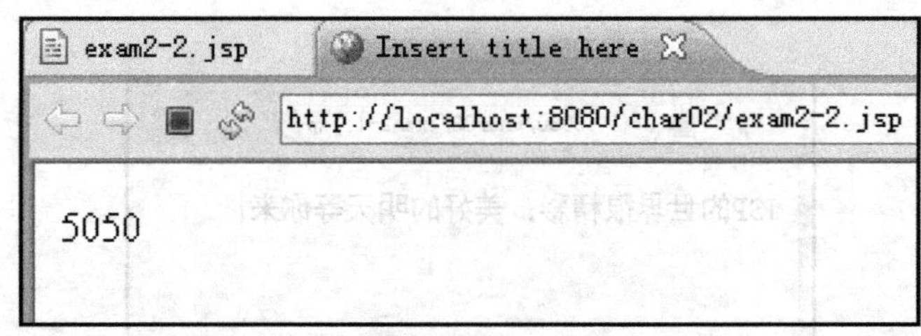

图 2-3　从 1 加到 100 之和运行结果

2）指令元素。JSP 中有 3 种指令元素，分别是 page 页面指令、include 包含指令和 taglib 标签指令。

3）动作元素。JSP 中定义了一系列的标准动作元素，它们用 JSP 为前缀，包括<JSP:include>、<JSP:forward>、<JSP:param>、<JSP:plugin>、<JSP:useBean>、<JSP:getProperty>、<JSP:setProperty>、<JSP:fallback>、<JSP:params>、<JSP:attribute>、<JSP:body>、<JSP:invoke>、<JSP:doBody>、<JSP:element>、<JSP:text>和<JSP:output>等。

4）内置对象。JSP 将最常用的功能以对象的形式提供给编程者，极大地方便了程序员开发应用程序，简化了程序的编写工作。JSP 共有 9 个内置对象，应用这些内置对象，可以实现很多很重要的功能。它们是：out 对象、request 对象、response 对象、exception 对象、config 对象、page 对象、pagecontext 对象、application 对象、session 对象，在所有的 JSP 页面中都能使用它们。

2.1.3　JSP 语法规则

1）JSP 程序中的 HTML 代码部分不区分大小写。

2）JSP 程序中的 JSP 程序片与 Java 语法要求相同，严格区分大小写。如 MyName 与 myname 是两个不同的变量。

3）变量必须先声明后使用。

4）声明变量和方法必须以分号（;）结尾。

5）一个声明仅在一个页面中有效。

6）可以直接使用在<% @ page %>中被包含进来的已经声明的变量和方法，不需要对它们重新进行声明。

2.2　JSP 语法

JSP 程序由 Java 代码组成，Java 中的数据类型包括两种：简单数据类型和复合数据类型。简单数据类型是最基本的数据类型，包括整型数据、浮点型数据、布尔型数据和字符型数据。复合数据类型由简单数据类型组合而成，包括类（class）、接口（interface）和数组（array）。

2.2.1　简单数据类型

1．整型数据

整型数据类型包括字节型（byte）、短整型（short）、整型（int）和长整型（long）4 种，字节型表示的数值范围是-2^7～2^7，短整型表示的数值范围是-2^{15}～2^{15}，整型表示的数值范围是-2^{31}～2^{31}。在数据后加 L 就表示数据类型为 long 类型，如 138L、67L。

1）十进制整数：如 127、-36 等。

2）八进制整数：以 0 开头，如 0234 表示十进制数 4+24+128=156，-022 表示十进制数-18。

3）十六进制整数：以 0x 开头，如 0x27 表示十进制数 39，-0x25 表示十进制数-37。

2．浮点型数据

浮点型数据就是数学中常说的小数，有以下两种表示形式。

1）十进制数形式。十进制由数字和小数点组成，且必须有小数点，如 0.35、9.63 和 35.00 等。

2）科学计数法形式。与数学中的科学计数法相对应，如 123e3，其中 e 之前必须有数字，且 e 后面的指数必须为整数。

3）float 型的值，必须在数字后加 f，如 float t = 6.89f。

3．字符型数据

在程序中经常用到诸如姓名、家庭住址等类型的数据，这些类型统称为字符型。字符型是以单引号括起来的字符，如‘黑龙江’‘男’等。

4．布尔型数据

程序中通常要进行各种判断，这就会产生真、假两个逻辑值，这就是布尔型数据。布尔型只有两个取值：true 和 false。

5.【案例 2-3】数据类型举例

JSP 数据类型应用示例，源程序及代码对应的注释如表 2-1 所示。

表 2-1　数据类型举例

实　例	详　解
例 1： int sum=0	定义 sum 为整型变量
例 2： int total=138L	定义变量 total 为长整型
例 3： Byte b= 0x55;	指定变量 b 为 byte 型
例 4： Short s =0x55ff;	指定变量 s 为 short 型
例 5： float t = 6.89f	指定变量 t 为 float 型
例 6： Double d=9.38;	指定变量 d 为 double 型
例 7： Char sex='男'	定义变量 sex 为字符型
例 8： boolean tt = true;	定义变量 tt 为布尔型，初始值为 true

2.2.2　数组

数组是用于存放相同类型数据的一种数据类型。数组可分为一维数组、二维数组和多维数组。二维数组是有两个下标的数组，多维数组则有相应个数的下标。无论数组维数是多少，其定义和使用方法基本相同。本书以一维数组为例。

1. 数组定义

数组定义有以下两种方式。

方式 1：数据类型 数组名[]

方式 2：数据类型 数组名= new 数据类型[数组长度]

2. 数组元素赋值

定义数组时可以同时赋值，把要赋值的数据放在花括号内，用逗号隔开，数据既可以是表达式，也可以是简单的数值。可以在数组声明后再赋值。

3.【案例 2-4】JSP 数组举例

JSP 数组应用示例，源程序及代码对应的注释如表 2-2 所示。

表 2-2 数组应用举例

实 例	详 解
例 1： int intArray[ ];	声明一维数组，数组名是 intArray
例 2： int intArray[ ]=new int[10];	声明并创建一个整数类型的一维数组 intArray, 其容量为 10
例 3： int[] intArray=new int[10];	声明并创建一个整数类型的一维数组, 其容量为 10
例 4： int intArray[ ]={1,2,1,3,4,7,6};	定义数组 intArray 并同时给数组赋初值
例 5： int intArray1[ ][ ]=new int[10][9];	声明并创建一个二维数组 intArray1
例 6： int intArray2[ ][ ]={{1,2,3},{2,3,4},{3,4,5}};	声明二维数组 intArray2，同时赋初值
例 7： A[1]=10;	给数组 A 中的元素 A[1]赋初值 10
例 8： B[5，6]=‘黑龙江’	将二维数组 B 中的元素 B[5][6]赋初值“黑龙江”

2.2.3 运算符

JSP 与 Java 拥有相同的语法结构，Java 中的运算符特别丰富，主要分为 4 类：算术运算符、关系运算符、逻辑运算符和位运算符。

1. 算术运算符

算术运算符用来完成基本的运算，类似数学中的运算符，具体如表 2-3 所示。

表 2-3 算术运算符

类 别	算术/赋值运算符	应 用 语 法	功 能 描 述
单元运算符	+	+X	为正值
	—	-X	为负值
	++	++X,X++	加 1
	— —	--X,X--	减 1

（续）

类　别	算术/赋值运算符	应 用 语 法	功 能 描 述
双元运算符	+	X+Y	两个数相加
	—	X-Y	两个数相减
	*	X*Y	两个数相乘
	/	X/Y	两个数相除
	%	X%Y	两个数取余数
赋值运算符	+=	X+=Y	X=X+Y
	—=	X-=Y	X=X-Y
	*=	X*=Y	X=X*Y
	/=	X/=Y	X=X/Y
	%=	X%=Y	X=X%Y

2. 关系运算符

程序中经常要用到各种判断和比较，比较的结果为真或假，即布尔值。这种比较要靠关系运算符完成。关系运算符包括：==（等于）、!=（不等于）、>（大于）、<（小于）、>=（大于或等于）、<=（小于或等于）。

3. 逻辑运算符

逻辑运算符有与（&&）、或（||）和非（！）3 种，参与逻辑运算的运算数只能是布尔型数据，结果也是布尔型数据。逻辑运算符如表 2-4 所示。

表 2-4　逻辑运算符

<table>
<tr><th>逻辑运算符</th><th>举　例</th><th>说　明</th></tr>
<tr><td>&&</td><td>3>5 && 8>7</td><td>两者都为真则结果为真，否则结果为假</td></tr>
<tr><td>||</td><td>3>5 || 8>7</td><td>两者之一为真则结果为真，否则结果为假</td></tr>
<tr><td>!</td><td>！3>5</td><td>值为真则返回假，值为假则返回真</td></tr>
</table>

4. 位运算符

位运算符主要用在应用程序开发中，JSP 网页程序开发中很少用到位运算符。位运算符主要有：～（按位非）、&（按位与）、|（按位或）、^（按位异或）、>>（右移）、>>>（右移，左边空出的位以 0 补充）、<<（左移）、&=（按位与后再赋值）、|=（按位或后再赋值）、^=（按位异或后再赋值）、>>=（右移后再赋值）、>>>=（右移后再赋值，左边空出的位以 0 补充）、<<=（左移后再赋值）。

2.2.4　表达式

1. 表达式的含义

将常量、变量和函数等用运算符号按一定的规则连接起来的、有意义的式子称为表达式。常见的有算术表达式、逻辑表达式和字符表达式等。

2. 各种运算符的优先顺序

在表达式的使用过程中，必须了解各种运算的优先顺序，运算优先顺序为：括号

→函数→乘方→乘、除→加、减→字符连接运算符→关系运算符→逻辑运算符。如果是同级的运算，则按从左到右的次序进行，多层括号由里向外。

3．JSP 表达式语法格式

<%= expression %>

使用时要注意不能用分号（“；”）来作为表达式的结束符，但是同样的表达式用在 scriptlet 中就需要用分号作为结束符。

4．【案例 2-5】JSP 表达式举例

JSP 表达式应用示例，源程序及代码对应的注释如表 2-5 所示。

表 2-5　表达式应用示例

实　例	详　解
例 1： <%= StuName %>	输出 StuName 的值
例 2： <%=100+20%>	计算 100+20 的值并输出
例 3： <%=(100+20)*8%>	计算 100+20 的值，然后乘以 8 输出
例 4： <%=5*4 %>	计算 5 乘 4 的值并输出
例 5： <%=user.getName()%>	获取本机的主机名并输出
例 6： <%= map.size() %>	获取容器 map 里的长度并输出（size()是求长度的方法）
例 7： <%= (new java.util.Date()).toLocaleString() %>	创建对象，获取本主机当前日期并输出
例 8： <%= date.getDay() %>	获得当前日期中的第几天并输出

2.2.5　程序注释

编程时通常要对易忘记和易混淆的代码加上注释，以备修改时使用，有时将部分暂时不使用的代码屏蔽掉，这就要使用程序注释了。JSP 中的程序注释可以增强程序的可读性，可对程序调试起到很好的辅助作用。初学者要养成使用注释的习惯。

1．JSP 注释的方法

JSP 注释常用的方法有以下 4 种。

1）<%--　注释内容　--%>，这种注释会被 Web 服务器引擎忽略，一般用来对 Java 程序片做出说明。

2）//注释内容，单行注释，用于注释一行程序代码。

3）/*注释内容*/，这种方式既可以是单行注释，也可以是多行注释。

4）/**注释内容*/，这种方式是 Java 所特有的 doc 注释。

2．【案例 2-6】JSP 注释举例

JSP 注释的应用示例，源程序及代码对应的注释如表 2-6 所示。

表 2-6　注释应用举例

实　例	详　解
例 1： <%--　第一种注释　--%> <%out.print(new java.util.Date());%>	用来对 Java 程序片做出说明
例 2： <%//第二种注释 out.print("Hello JSP ");%>	单行注释
例 3： <% /*第三种注释*/ Out.print(new java.util.Date());%>	可以是单行注释，也可以是多行注释
例 4 <% /**第四种注释 out.print("Hello World "); out.print(new java.util.Date()); */ %>	Java 所特有的 doc 注释

2.3　JSP 程序的控制流程

无论哪一种编程语言，其代码的组织方式只有 3 种，一是顺序结构，二是选择结构，三是循环结构。其原理如图 2-4 所示。

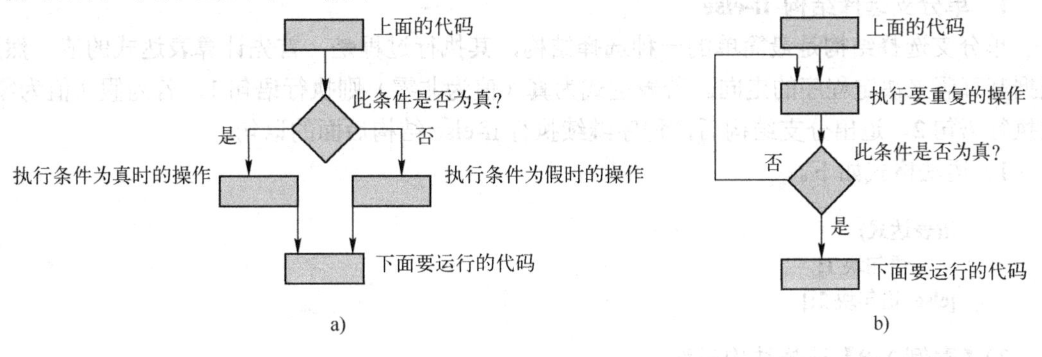

图 2-4　编程语言的原理
a) 选择结构　b) 循环结构

2.3.1　顺序结构

顺序结构是程序设计中最简单的一种，编程时只要按从上到下的顺序逐行写出相应的语句即可，它的执行顺序是自上而下，依次执行。

顺序结构可以独立使用，由多行语句按顺序构成一个简单的完整程序，常见的输入、计算和输出三部曲的程序就是顺序结构，例如计算圆的面积，其程序的语句就是按照顺序进行的，输入圆的半径 r、计算圆的面积 s = 3.14159*r*r、输出圆的面积 s。不过，大多数情况下顺序结构都是作为程序的一部分，与其他结构一起构成一个复杂的程序，例如分支结构中的复合语句、循环结构中的循环体等。

【案例 2-7】 顺序结构举例，求圆的面积

在工程 char02 里新建 JSP 文件 exam2-7.jsp，在自动生成的代码中插入如下程序代码，程序运行结果如图 2-5 所示。

```
  <%
float r=2;
double area;
area=3.14159*r*r;
out.println("面积是:"+area);
  %>
```

http://localhost:8080/char02/exam2-7.jsp

面积是:12.56636

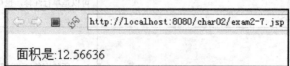

图 2-5　求圆的面积运行结果

2.3.2　选择结构

在特定条件下，需要从两个或多个答案中做出唯一选择。计算机程序是为解决实际问题而编写，选择结构正是为解决类似问题而诞生的。JSP 中共有两种选择结构，即单分支语句和多分支语句。

1．单分支选择结构 if-else

单分支选择结构是最简单的一种选择结构，其执行过程是：首先计算表达式的值，然后根据其真假来决定程序的走向。若表达式为真（值为非零）则执行语句 1，若为假（值为零）则执行语句 2。退出分支结构后，程序继续执行 if-else 结构后面的语句。

1）语法格式如下。

```
if(表达式)
    语句块 1;
[else 语句块 2;]
```

2）**【案例 2-8】**选择结构举例

在工程 char02 里新建 JSP 文件 exam2-8.jsp，在自动生成的代码中插入如下程序代码，程序运行结果如图 2-6 所示。

```
<%
  int x=9;
  int y=1;
  if(x>y)
  {
    out.println("x,y 二者之间,x 的值大于 y");
  }
  else
  {
    out.println("x,y 二者之间,y 的值大于 x");
```

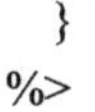

```
    }
%>
```

图 2-6　选择结构示例运行结果

2．多分支语句 switch

1）语法格式如下。

```
switch (表达式)
{
  case 值 1：语句块 1;
      break;
  case 值 2：语句块 2;
      break;
      …
  case 值 n：语句块 n;
      break;
  [default :默认语句块; ]
  }
```

2）语法说明。多分支语句把表达式的值与每个 case 子句中的值相比较。如果匹配成功，则执行该 case 子句后的语句块。default 子句是任选的。当表达式的值与任意一个 case 子句都无法匹配时，程序执行 default 后面的语句。如果表达式的值与任意一个 case 子句中的值都不匹配且没有 default 子句时，则程序不做任何操作而是直接跳出 switch 语句。如果将 default 语句放在第一行，则不管表达式与 case 中的值是否匹配，程序都会从 default 开始执行，直到第一个 break 出现。break 语句用来终止 switch 语句的执行。在每个 case 分支后，都要使用 break 来终止其后面的语句。

3）**【案例 2-9】**多分支结构举例

在工程 char02 里新建 JSP 文件 exam2-9.jsp，在自动生成的代码中插入如下程序代码，程序运行结果如图 2-7 所示。

```
<%
  Date date=new Date();
  int day=date.getDay();
  out.println("当前系统的日期为："+date+"<BR>");
  switch(day)
  {
  case 0:
     out.println("今天是星期天");
     break;
  case 1:
     out.println("今天是星期一");
```

```
        break;
    case 2:
        out.println("今天是星期二");
        break;
    case 3:
        out.println("今天是星期三");
        break;
    case 4:
        out.println("今天是星期四");
        break;
    case 5:
        out.println("今天是星期五");
        break;
        default:
          out.println("今天是星期六");
          break;
    }
%>
```

http://localhost:8080/char02/exam2-9.jsp

当前系统的日期为：Fri Oct 30 15:36:22 CST 2015
今天是星期五

图 2-7　多分支结构示例运行结果

2.3.3 循环结构

循环结构可以减少源代码重复编写的工作量，用来描述重复执行某段算法的问题，循环结构的 3 个要素为：循环变量、循环体和循环终止条件。

1．while 语句

1）while 语句简介。用于首先判断循环条件，当条件为“真”时，程序重复执行某些操作，条件表达式一般是关系表达式，也可以是其他表达式，其结果值为逻辑真或逻辑假，用以描述控制循环的条件，规定循环语句被执行到什么时候终止。

2）语法格式如下。

```
while (表达式)
{
  程序段;
}
```

程序段是 while 的要被反复执行的部分，即循环体。循环体可以是一条简单语句，也可以是由多条语句构成的复合语句（用{}括起来）。

计算表达式的结果值是否为“真”，如果为“真”则执行循环体，重复上述过程，直到表达式的结果值为“假”，退出循环，执行 while 语句的后续语句。while 语句的特点是：首先判断循环条件，然后执行循环体语句。所以循环的次数一般不能事先确定，需要根据循环条件（表达式的值）来判定，如果开始时循环条件就为假，则循环体一次也不执行。

3）【案例 2-10】循环结构举例。

在工程 char02 里新建 JSP 文件 exam2-10.jsp，在自动生成的代码中插入如下程序代码，程序运行结果如图 2-8 所示。

```
  <%
int x=2;
while(x<=6)
{
out.println("第"+x+"次进入循环体");
x+=1;
}
  %>
```

```
http://localhost:8080/char02/exam2-10.jsp
第2次进入循环体第3次进入循环体第4次进入循环体第5次进入循环体第6次进入循环体
```

图 2-8　循环结构举例示例运行结果

2．do-while 语句

1）do-while 语句简介。用于首先执行一次循环体语句，然后开始测试循环条件，当条件为“真”时继续循环的处理过程。

2）语法格式如下。

```
Do
{
    程序段;
} while (条件式);
```

3）说明。首先执行一次循环体语句，然后测试判断表达式的结果，如果结果为“真”则重复执行循环体语句，直到表达式的结果值为“假”时，退出 do…while 循环，执行 do…while 循环后面的语句。其循环的次数不能确定，需要根据循环条件来判定需要循环的次数。由于程序首先执行循环体语句，然后判断循环条件，因此即使循环条件不满足，循环体也至少被执行一次。

4）【案例 2-11】do-while 举例。

在工程 char02 里新建 JSP 文件 exam2-11.jsp，在自动生成的代码中插入如下程序代码，程序运行结果如图 2-9 所示。

```
  <%
int x=2;
do
{
  out.println("第"+x+"次进入循环体");
  x+=1;
}
```

```
while(x<=0);
%>
```

图 2-9　do-while 示例运行结果

3．for 语句

1）for 语句简介。for 语句是循环控制结构中使用最广泛的一种循环控制语句，其功能是将某段程序代码反复执行若干次，特别适合于已知循环次数的情况。

2）语法格式如下。

```
for (初值；结束条件；增量)
{
    程序段;
}
```

3）说明。for 语句执行时，首先执行初始化操作，然后判断终止条件是否满足，如果满足，则执行循环体中的语句，最后执行循环部分。完成一次循环后，重新判断终止条件。初始化、终止及循环部分都可以为空语句，但其中的逗号不能省略，三者均为空的时候，相当于一个无限循环。在初始化部分和循环部分可以使用逗号语句来进行多个操作。逗号语句是用逗号分隔的语句序列。

4）**【案例 2-12】** for 循环举例。

在工程 char02 里新建 JSP 文件 exam2-12.jsp，在自动生成的代码中插入如下程序代码，程序运行结果如图 2-10 所示。

```
<%
int sum=0;
for(int i=1;i<=4;i++)
{
    sum+=i;
}
out.println("从 1 加到 4 的总和为"+sum);
%>
```

图 2-10　for 示例运行结果

2.3.4 异常处理

在运行中，程序不可避免地会出现各种异常，异常处理功能提供了处理程序运行时出现的意外或异常情况的方法。异常处理使用 try、catch 和 finally 关键字来尝试可能未成功的操作，并对运行失败进行处理，同时清理资源。

1．语法格式

```
Try
  { 程序代码段}
Catch(Exception exception)
  { 异常处理代码段}
Finally
  { 程序段 3 }
```

2．说明

1）try 语句。新买的手机，常常将容易划伤的部位加上贴膜，予以保护，可以避免意外划伤。编程时一般将程序中可能出现错误的语句行放在 try 语句中，运行时一旦出现错误，它会转交 catch 语句进行处理。

2）catch 语句。try 语句是发现错误，而 catch 语句则是用于处理错误。catch 语句必须和 try 语句一起使用，如果其接收的异常与 try 语句中产生的异常相配，便转去执行 catch 后面的程序段 2。

3）finally 语句。它是 Java 异常处理语句中的可选语句，但它必须跟 try 语句一起使用，finally 语句中的语句块，不管在 try 块中是否有错误发生都将被执行。

异常处理示意图如图 2-11 所示。

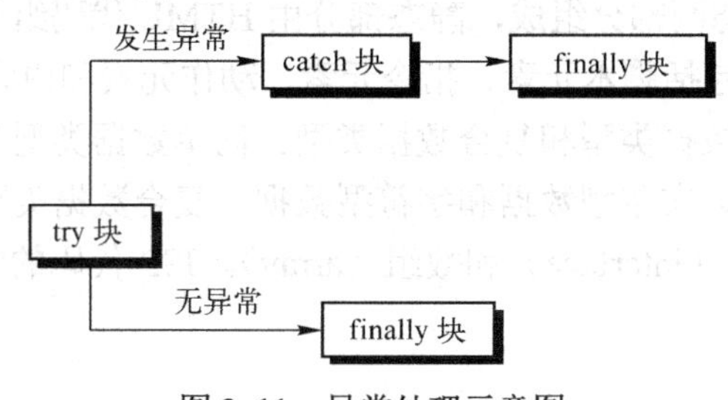

图 2-11　异常处理示意图

【案例 2-13】零做除数异常处理

在工程 char02 里新建 JSP 文件 exam2-13.jsp，在自动生成的代码中插入如下程序代码，程序运行结果如图 2-12 所示。

```
<%
try
{
 out.println("首先定义三个整型数据类型的变量<BR>");
 out.println("其中：变量 x=1，变量 y=0");
 int x=1;
 int y=0;
```

```
    int z;
    out.println("当 x/y 时由于除数为零而会出现异常");
    out.println("<BR>");
    z=x/y;
   }
   catch(Exception e)
   {
    out.println("异常信息："+e.toString());
   }
   finally
   {
    out.println("<BR>无论 try 语句中是否有异常，此语句都会被执行");
   }
     %>
```

http://localhost:8080/char02/exam2-13.jsp

首先定义三个整型数据的变量
其中：变量x=1，变量y=0 当x/y时由于除数为零而会出现异常
异常信息：java.lang.ArithmeticException: / by zero
无论try语句中是否有异常，此语句都会被执行

图 2-12 异常处理举例运行结果

本章小结

JSP 程序由静态与动态两部分组成，静态部分由 HTML 代码组成，动态部分则由 JSP 程序片组成。动态部分主要包括脚本元素、指令元素、动作元素和内置对象 4 部分。Java 中的数据类型包括两种：简单数据类型和复合数据类型。简单数据类型是最基本的数据类型，包括整型数据、浮点型数据、布尔型数据和字符型数据。复合数据类型由简单数据类型组合而成，包括类（class）、接口（interface）和数组（array）。JSP 代码的组织方式有顺序结构、选择结构和循环结构 3 种。

每章一考

一、填空题

1．JSP 程序的静态部分由（　　）代码组成，一般由（　　）等工具自动生成；动态部分则由（　　）组成。

2．通常将 JSP 网页文件中的 Java 程序部分统称为（　　），具体包括（　　）、（　　）、（　　）和（　　）4 部分。

3．声明变量和方法必须以（　　）结尾。

4．Java 中的数据类型包括（　　）和（　　）。

5．布尔型只有两个取值：（　　）和（　　）。

6．JSP 的语法结构主要分为 4 类：（　　）、（　　）、（　　）和（　　）。

7．编程语言，其代码的组织方式只有 3 种，一是（　　），二是（　　），三是（　　）。

8．循环结构的 3 个要素为：（　　）、（　　）和（　　）。

9．异常处理功能提供了（　　）时出现的（　　）或（　　）的方法。异常处理使用（　　）、（　　）和（　　）关键字来尝试可能未成功的操作，并对运行失败进行处理，同时（　　）。

10．用来终止 switch 语句的执行的关键字为（　　）。

11．整型数据类型包括（　　）、（　　）、（　　）和（　　）4 种。

12．数组是用于存放（　　）的一种数据类型。数组可分为（　　）、（　　）和（　　）。

13．定义数组时可以同时赋值，把要赋值的数据放在花括号内，用（　　）隔开。

二、选择题

1．下列属于 JSP 中注释的有（　　）。（多项选择题）

A．<%-- 与 --%>　　B．/

C．/* 与 **/　　D．<　　>

2．在 JSP 指令中，errorPage("url")的意思是（　　）。

A．将本页面设置为错误的页面

B．将本页面中所有的错误信息保存到 url 变量中

C．为本页面指定一个错误页面

D．没有具体的含义

3．java.util.Date 和 java.sql.Date 之间的关系是（　　）。

A．前者继承了后者

B．后者继承了前者

C．前者和后者都继承了同一个父类

D．前者和后者之间不存在任何关系

4．JSP 的程序代码开始的格式为（　　）。

A．<head>　　B．<html>　　C．<body>　　D．<title>

5．在 JSP 中 Scriptlet，定义局部变量的格式为（　　）。

A．<%!　%>　　B．<%=　%>　　C．<%　!%>　　D．<%　%>

6．使用 JSP 内部对象可以实现很多很重要的功能，以下不是此内部对象的是（　　）。

A．application 对象　　B．config 对象

C．response 对象　　D．exception 对象

7．参与逻辑运算的运算数只能是（　　）。

A．布尔型数据　　B．浮点型数据

C．字符型数据　　D．整型数据

8．右移后再赋值，左边空出的位以 0 补充的符号为（　　）。

A．>>=　　B．<<=　　C．>>>=　　D．^=

9．运算优先顺序正确的是（　　）。

A．括号→函数→乘方→乘、除→加、减→关系运算符→字符连接运算符→逻辑运算符

B．括号→函数→乘方→乘、除→加、减→字符连接运算符→关系运算符→逻辑运算符

C．括号→函数→乘方→乘、除→关系运算符→加、减→字符连接运算符→逻辑运算符

D．括号→函数→乘、除→加、减→字符连接运算符→乘方→关系运算符→逻辑运算符

10．do-while 语句的格式为（　）。

A．

```
do
{
      程序段;
} while (条件式);
```

B．

```
do
{
   程序段;
} while (条件式)
```

C．

```
do
{
   程序段;
}; while (条件式)
```

D．

```
do(表达式)
{
   程序段;
} while (条件式);
```

三、判断题

1．do-while 循环体至少被执行一次。（　　）

2．JSP 的静态部分，即 HTML 代码部分，如果使用 Dreamweaver 环境开发 JSP 程序，这部分代码也应该自己写入。（　　）

3．脚本小程序就是里面直接包含了 Java 代码。（　　）

4．JSP 中有 3 种指令元素，分别是 page 指令、include 指令和 taglib 指令。（　　）

5．JSP 将最常用的功能以对象的形式提供，只是在一部分 JSP 页面中都能使用它们。（　　）

6．JSP 程序中的 HTML 代码部分不区分大小写。（　　）

7．一个声明仅在一个页面中有效，其他页面则不可以使用。（　　）

8．短整型表示的数值范围是 0～2^{15}。（　　）

9．JSP 表达式语法格式为：<%= expression %>。（　　）

10．JSP 的动态部分也称为 JSP 页面的模板，用来显示页面元素。（　　）

四、问答题

1．JSP 动态部分由哪些元素组成？请简述每一个元素。

2．简述 JSP 的语法规则。

第 3 章　JSP 指令与动作

本章知识结构框图

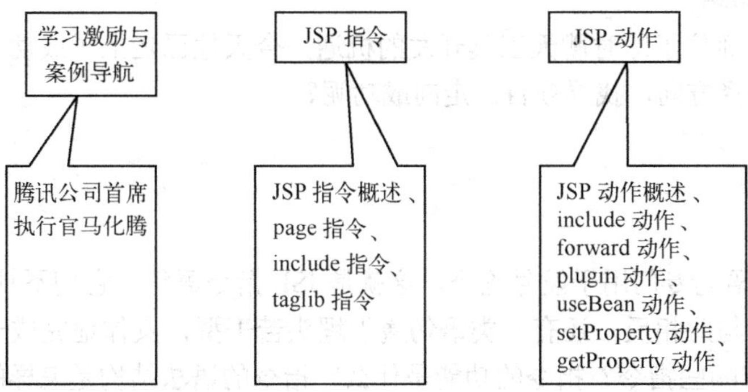

本章知识要点

1. JSP 的 3 种指令的功能和语法。
2. JSP 的 6 种动作的功能和用法。

本章学习方法

1. 理解每一种指令与动作的功能。
2. 通过实例，强化掌握每一种指令与动作的用法。
3. 通过大量实例上机练习，熟练将指令与动作应用于实际编程中。

学习激励与案例导航

腾讯公司首席执行官马化腾

马化腾，腾讯公司执行董事、董事会主席兼首席执行官(CEO)。1993 年毕业于深圳大学计算机专业。和任何人创业一样，最初马化腾和他的腾讯日子都非常艰难，2000 年第一次网络泡沫席卷了全中国的互联网，那时的腾讯没有现金资本，唯一的资源就是数量高达 7.147 亿的 QQ 用户。腾讯上市后，马化腾的个人身价迅速飚升。马化腾在不经意间打造了一个庞大的 QQ 帝国，改变了中国人沟通的方式，手机、电话、QQ 成了现代青年沟通的三大工具。而今，腾讯已经开始走多元化发展之路，腾讯网已经成为中国第四大门户网站。

昨天，马化腾抓住了即时聊天工具开发的机遇，今天他已走上了成功大道，我们能否在今天也高瞻远瞩选择方向，找寻项目，走向成功呢？

3.1 JSP 指令

JSP 中有一类语句专门用于发号施令，这就是 JSP 指令语句，它们不具体产生任何动作，却可以发号施令。与此相反，还有一类语句属于埋头苦干型，具体地完成一系列工作，这就是 JSP 动作。JSP 有哪些指令？指令的功能是什么？指令的语法结构是怎样的？本节将详细讲述这些知识。

3.1.1 JSP 指令概述

JSP 的指令元素（Directives Elements）主要用来提供整个 JSP 网页相关的信息，并且用来设定 JSP 页面的相关属性。它并不直接产生任何可见的输出，而只是告诉引擎如何处理 JSP 页面。JSP 共有 3 种指令，分别是 page、include 和 taglib。

其一般语法形式如下。

```
<%@ 指令名称 属性="值"%>
```

学习提示："<%@ %>"是作为一个整体被使用的，其中"<%@"中间不能有空格。

3.1.2 page 指令

1. 功能

page 指令主要用来设定 JSP 页面的全局属性，该配置将作用于整个 JSP 页面，甚至包括静态包含的文件。其功能为设定整个 JSP 网页的静态属性。

2. 语法

```
<%@page 标签元素="值"%>
```

3．标签元素

page 指令有 language、import、contentType、session、errorPage、isErrorPage 和 buffer、info 等标签元素，各自的功能如下。

1）language。指定 JSP 代码所使用的编写语言。其基本格式为 language="语言名称"，目前 JSP 只可以使用 Java 语言。其默认值为 Java，可以不必指出，系统隐性默认为 Java。

```
<%@ page language="java"%>
```

2）import。JSP 与 C 语言类似，页面中需要使用的类要在程序运行前调入，import 的功能是定义 JSP 页面可以使用哪些 Java 类，用逗号分隔列出一个或多个类名。其基本格式为 import="类名列表"，常见的写法如下。

```
<%@ page import="java.util.*"%>
```

以下包在 JSP 启动后自动调入，不必再用语句调入：java.lang.*；java.servlet.*；java.servlet.JSP.*；java.servlet.http.*。

import 中的星号（*）表示其下的所有子类一并调入，如 java.sql.*表示 java.sql 下面的所有子类全部调入。此外，程序中只有引入了“java.util.*”才可以使用 Date 类，否则会出错。

3）contentType。contentType="ctinfo" 表示将使用的 MIME 类型和可选字符解码。单击一个 Word 文档，Word 便会自动打开；单击一个图片，与其相关联的图像软件便会自动打开，这便是 MIME 类型。MIME 类型就是设定与某种扩展名的文件相关联的应用程序，即用来打开该类文件的方式，当该扩展名文件被访问时，浏览器会自动使用指定应用程序来打开。

如果 JSP 页面的开始部分没有指定字符编码，在运行时中文将显示为乱码。经典写法如下。

```
<%@ page  contentType="text/html;charset=GBK"%>
```

4）session。指明 JSP 页面是否需要一个 HTTP 会话，如果取值为 true，那么产生的 Servlet 将包含创建一个 HTTP 会话的代码，默认值为 true。其基本格式为 session="true|false"。

5）errorPage。表示如果发生异常错误，网页会被重新指向一个 URL 页面。错误页面必须在其 page 指令元素中指定 isErrorPage="true"，其基本格式为 errorPage="网页地址"。

6）isErrorPage。如果网页被用作处理异常错误的页面，则为 true。在这种情况下，页面可被指定为另一页面 page 指令元素中 errorPage 属性的取值。指定此属性为 true，将使 exception 隐含变量对此页面可用。默认值为 false。基本格式为 isErrorPage="值"，值只能取 true（真）或 false（假）。

7）buffer。设置 JSP 网页的缓冲区大小，默认为 8k，如果设置为 none，则表示不使用缓冲，所有的响应输出都将被直接输出。

8）info。设置页面的文本信息，可以通过 Servlet.getServletInfo()的方法获得该字符串。

4．举例

page 指令的操作实例如表 3-1 所示。

表 3-1　page 指令实例

实　例	详　解
<%@ page import="java.sql.*"%>	引入 java.sql 下的所有包，这是数据库操作必须引入的包
<%@ page　contentType="text/html;charset=GBK" %>	设置将使用标准中文进行显示
<%@ page language="java"%>	指定 JSP Container 要用 Java 语言来编译 JSP 网页
<%@ page session="true"%>	创建一个 HTTP 会话
<%@ page errorPage="error.JSP"%>	页面发生异常错误，将跳转到 error.JSP 进行处理
<%@ page isErrorPage ="true"%>	将当前页面设置成错误处理页面
<%@ page buffer="none"%>	表示当前页面不进行缓冲
<%@ page info="this is a JSP"%>	设置当前页面的文本信息为 this is a JSP

学习提示： 在 Eclipse 中，新建 JSP 文件将默认生成 JSP 代码，代码的头部就是 page 指令，生成的代码如下所示。

```
<%@ page language="java"
contentType="text/html;charset=ISO-8859-1"
    pageEncoding="ISO-8859-1"%>
```

3.1.3　include 指令

include 指令用于在一个 JSP 页面中包含另一个文件。如果被包含的文件是一个静态文件，则功能与 include 指令相同；如果被包含的文件是动态文件，则将被包含的文件的运行结果包含在一起，再发送给客户端。

1．功能

include 的英文本意是“包含”，学过 C 语言的读者都知道，C 语言要用到的函数必须在头部包含进来，而 JSP 中的 include 指令用来向当前页面插入一个静态文件的内容。这里要强调插入的是静态文件的内容，其含义是不管文件是什么内容，一旦执行到该语句行，就把这个文件内容原样、不加分析地照搬后插进来。这个文件可以是任何文本文件，如 JSP 程序、HTML 代码和文本等。

2．语法

```
<%@ include file="文件名" %>
```

3．标签元素

file：指明被插入的文件名。

4．注意

1）include 指令是静态包含，执行时间是在编译阶段执行，引入的内容为静态文本，在编译时就和包含者融合到一起。所以 file 不能是一个变量，也不能在 file 后接任何参数。

2）<%@ include file="filename" %>如果直接以文件名开头，指的是当前目录，如果以/开头，则指明是文件所在目录。

include 指令的操作实例如表 3-2 所示。

表 3-2　include 指令实例

实　例	详　解
<%@ include file=" ts.txt" %>	引入 java.sql 下的所有包，这是数据库操作必须引入的包
<%@ include file="/data/conn.JSP" %>	将/data 目录下的 conn.JSP 页面包含到当前页面中
<%@ include file="head.htm" %>	将当前目录下的 head.htm 文件包含到当前页面中

【案例 3-1】 include 指令的用法。

1）启动 Eclpse 开发环境，新建工程 char03，在工程 char03 里新建 JSP 文件 exam3-1.jsp。

2）在工程 char03 里新建 JSP 文件 htminsert.html，用于对 exam3-1 提交信息的接收和处理，源代码如下：

```
<%@ page contentType="text/html; charset=gb2312" %>
<HTML>
<HEAD>
    <TITLE>Html File</TITLE>
</HEAD>
<BODY>
     这是加载的 html 文件
</BODY>
</HTML>
<%@ page contentType="text/html; charset=gb2312" %>
<%@ page language="java" %>
<HTML>
<HEAD>
<TITLE>加载文件</TITLE>
</HEAD>
<BODY>
     <FONT SIZE = 10 COLOR = blue>加载文件</FONT>
     <br><HR><br>
     <!-- 加载文件 htminsert.html-->
     <%@ include file="htminsert.html" %>
</BODY>
</HTML>
```

程序运行结果如图 3-1 所示。在浏览器中以指令格式显示了当前日期。

图 3-1　include.jsp 运行结果

5．include 乱码解决

如果 include 指令中出现中文乱码问题，解决的办法如下。

1）JSP 文件包含第一行。

```
<%@ page contentType="text/html;charset=GBK"
    pageEncoding="GBK"%>
```

2）被包含 html 文件第一行。

<%@ page contentType="text/html;charset=GBK"去掉 meta 和 Document 那两行。

3）将网页其他地方出现的所有 charset 值都改为 GBK。

3.1.4　taglib 指令

taglib 指令是指由 JSP 页面中使用的标记所组成的库。JSP 容器退出时带有一个小型的、默认的标记库。而自定义标记库是用户为了某种特定的用途或者目的，将一些标记放到一起而形成的一种库。其主要功能及语法格式等将在下一节详细讲述。

1．功能

标签使用标签库定义新的自定义标签，在 JSP 页面中启用定制行为。当页面引用了用户自定义标签时，taglib 指令用于引用自定义标签库，并指定标签的前缀。

2．语法

```
<%@ taglib uri="存放位置" prefix="前缀" %>
```

3．标签元素

1）uri：指明 tagLibrary 的存放位置。

2）prefix：用于标识使用定制标签的唯一前缀，前缀在标签的名称前面使用。空的前缀将被忽略。如果正在开发或使用自定义的标签，不能使用标签前缀：JSP、JSPx、java、javax、servlet、sun 和 sunw 等，因为它们已经被 Sun 的系统所使用。

taglib 指令的操作实例如表 3-3 所示。

表 3-3　taglib 指令实例

实　例	详　解
<%@taglib url="/tags" %>	指明标签库的位置为/tags
<%@ taglib prefix="public" %>	设置标签库的前缀为 public
<%@ taglib uri="http://www.qqhre.com/tags" prefix="JAXP" %>	指明 tagLibrary 存放位置为 http://www.qqhre.com/tags，设置标签库的前缀为 JAXP

3.2 JSP 动作

本节将介绍 JSP 的动作元素及它们各自的作用，学完本节，要熟练使用<JSP:include>动作元素来包含文件，熟练使用<JSP:forward>动作元素来实现页面跳转，以及了解使用<JSP:plugin>动作元素来执行 Applet 的方法等。

3.2.1 JSP 动作概述

JSP 动作可以动态地插入文件、重用 JavaBean 组件、把用户重定向到另外的页面，以及为 Java 插件生成 HTML 代码。JSP 的常用动作包括以下几个。

1）JSP:include：用于在页面被请求时引入一个文件。

2）JSP:forward：把请求转到一个新的页面。

3）JSP:plugin：根据浏览器类型为 Java 插件生成 OBJECT 或 EMBED 标记。

4）JSP:useBean：实例化一个 JavaBean。

5）JSP:setProperty：设置 JavaBean 的属性。

6）JSP:getProperty：输出 JavaBean 的属性。

3.2.2 include 动作

include 动作元素用来包含静态和动态的文件。如果被包含的文件为静态文件，那么只是单纯地加到 JSP 页面中，不会进行任何处理；如果被包含的文件为动态文件，那么会先进行处理，然后将处理的结果加到 JSP 页面中，其具体的使用方法及语法格式如下。

1．功能

该动作把指定文件插入正在生成的页面，如一个静态 HTML 文件或动态的 JSP 文件。

2．语法

```
<JSP:include page="被包含的页面" flush="true" />
```

3．标签元素

1）page：用于指定被包含的页面，这个属性是必须有的，是指向某种资源的相对 URL。如果这个相对 URL 不是以/开头，则将其解释为相对于主页面的路径；如果是以/开头，则这个 URL 被解释为相对于当前 Web 应用的根目录，而不是服务器的根目录，这是因为该 URL 是由服务器来解释的，而不是由用户的浏览器来解释的。

2）flush：是一个可选的次级属性，默认值为 false，它指定在将页面包含进来之前是否应该清空主页面的输出流。

include 动作的操作实例如表 3-4 所示。

表 3-4　include 动作实例

实　例	详　解
<JSP:include page="/news/Item1.html" flush="true"/>	该动作把/news 下的 Item1.html 页面插入正在生成的页面
<JSP:include page="welcome.JSP" flush="true"/>	将 welcome.jsp 页面插入正在生成的页面

【案例 3-2】include 使用示例。

1）在工程 char03 里新建 JSP 文件 exam3-2.jsp，源代码如下：

```
<%@ page language="java" contentType="text/html; charset=UTF-8"
    pageEncoding="UTF-8"%>
<html>
<head>
<meta http-equiv="Content-Type" content="text/html; charset=UTF-8">
<title>使用 include 动作加载文件</title>
</head>
<body>
<H2>使用 include 动作加载文件</H2>
<br><HR><br>
<!-- 用 jsp:include 指令动态加载文件 -->
<jsp:include page="new1.html"/>
</body>
</html>
```

2）在工程 char03 里新建 JSP 文件 new1.html，用于对 exam3-2 提交信息的接收和处理，源代码如下：

```
<%@ page contentType="text/html; charset=utf-8" %>
  <html>
  <head>
  <title>Insert title here</title>
  </head>
  <body>
  这是被 include 动作加载的文件。
  </body>
  </html>
```

程序运行结果如图 3-2 所示。

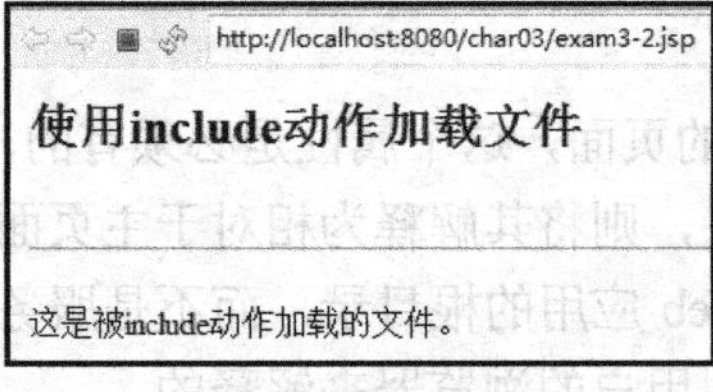

图 3-2　include 使用示例运行结果

include 指令与<JSP:include>动作的比较如表 3-5 所示。

表 3-5　include 指令与<JSP:include>动作的比较

序号	项　目	include 指令	<JSP:include>动作
1	格式	<%@include file="..."%>	<JSP:include page="… ">
2	作用时间	页面转换时间	请求时间
3	包含内容	文件的实际内容	页面的输出
4	影响主页面	可以	不可以

（续）

序号	项　目	include 指令	<JSP:include>动作
5	内容变化时是否需要手动修改包含页面	需要	不需要
6	编译速度	较慢（资源必须被解析）	较快
7	执行速度	较快	较慢（每次资源必须被解析）
8	灵活性	较差（页面名称固定）	较好（页面可以动态指定）

3.2.3 forward 动作

forward 动作把请求转到另外的页面。既可以转发静态的 HTML 页面，也可以转发动态的 JSP 页面，或者转发到容器中的 Servlet。forward 标记只有一个属性——page。page 属性包含的是一个相对 URL。page 的值既可以直接给出，也可以在请求时动态计算。下面将详细讲述其具体功能及应用方法。

1．功能

该动作允许将请求转发到其他的 HTML 文件、JSP 文件或者是一个应用程序段。通常请求被转发后，会停止当前的 JSP 文件的执行。

2．语法

```
<JSP:forward page="要转向的页面" />或
<JSP:forward page="要转向的页面">
<JSP:param name="参数名" value="参数值 ">
</JSP:forward>
```

3．标签元素

1）<JSP:forward>标签从一个 JSP 文件向另一个文件传递一个包含用户请求的 request 对象。<JSP:forward>标签以下的代码将不能被执行，也可以向目标文件传送参数和值，但如果使用了<JSP:param>标签的话，目标文件必须是一个动态的文件，要能够处理参数。

2）<JSP:param>动作元素被用来以“name=value”的形式为其他元素提供附加信息，通常会同<JSP:include>、<JSP:forward>和<JSP:plugin>等元素一起使用。

语法格式如下。

```
<JSP:param name ="参数名" value ="Value|<%=exception%>"/>
```

其中 name 为与属性相关联的参数名，value 为属性参数的值。

forward 动作的操作实例如表 3-6 所示。

表 3-6　forward 动作实例

实　例	详　解
<JSP:forward page="/servlet/login"/>	转向/servlet/login 文件
<JSP:forward page="/servlet/login"> <JSP:param name="username " value="zhangsan "/> </JSP:forward>	在转向/servlet/login 文件的同时，传递两个参数：username 和 zhangsan

【案例 3-3】forwarddemo.jsp 使用声明，源程序及代码如下：

```
<html>
<head>
<title>Forward Demo</title>
</head>
<body>
<%! long percent=memFree/memTotal; %>
<% if (percent<0.5) {%>
<JSP:forward page="forward.html"/>
<%
  }else {
%>
<JSP:forward page="forward.jsp"/>
<% } %>
</body>
</html>
```

被包含的文件 forward.jsp 的源代码如下：

```
<html>
<body bgcolor="#FFFFFF">
<font color="blue">
VM Memory usage>50%
</font>
</body>
</html>
```

被包含的文件 forward.html 的源代码如下：

```
<html>
<body bgcolor="#FFFFFF">
<font color="red">
VM Memory usage<50%
</font>
</body>
</html>
```

程序运行结果如图 3-3 所示。

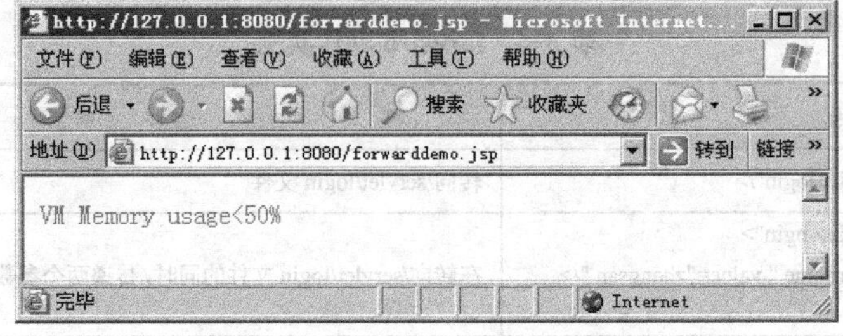

图 3-3　forwarddemo.jsp 运行结果

4．注意

1）forward.jsp 和 forward1.html 文件内容类似，但扩展名不同。forward1.html 可以由浏览器直接解释执行，但 forward.jsp 不能由浏览器直接解释执行，需要通过 JSP 引擎（Web 服务器）解释执行。

2）如果一个文件不包含 JSP 代码，则尽可能将它命名为 HTML 文件，这样可以加快下载速度。另外，网页是静态还是动态不是取决于名称，而是取决于网页中的内容。

3.2.4 plugin 动作

<JSP:plugin>动作元素会自动根据浏览器版本替换成<object>标签或者<embed>标签。其中<object>用于 HTML 4.0 版本，而<embed>标签用于 HTML 3.2 版本。<JSP:plugin>元素会指定对象是 Applet 还是 Bean，同样也会指定 class 的名称及位置，另外还会指定将从哪里下载这个 Java 插件。

1．功能

用来根据浏览器的类型，插入通过 Java 插件运行 Java Applet 所必需的 OBJECT 或 EMBED 元素。

2．语法

```
<JSP:plugin type="bean | applet" code="classFileName"
    codebase="classFileDirectoryName" [ name="instanceName" ] [ archive="URIToArchive, ..." ]
[ align="bottom | top | middle | left | right" ]
    [ height="displayPixels" ] [ width="displayPixels" ] [ hspace="leftRightPixels" ] [ vspace=
"topBottomPixels" ] [ jreversion="JREVersionNumber | 1.1" ] [ nspluginurl="URLToPlugin" ]
[ iepluginurl="URLToPlugin" ] />
```

3．标签元素

1）type：被执行的插件对象类型，必须指定这个是 bean 还是 applet，因为这个属性没有默认值。

2）code：是将会被 Java 插件执行的 Java Class 的名称，必须以.class 结尾。这个文件必须存放于 codebase 属性指定的目录中。

3）codebase：将会被执行的 Java Class 文件的目录（或者是路径），如果没有提供此属性，那么使用<JSP:plugin>的 JSP 文件的目录将会被使用。

4）name：是 bean 或 applet 实例的名称，它将会在 JSP 其他的地方调用。

5）archive：一些由逗号分开的路径名，这些路径名用于预装一些将要使用的 class，这会提高 applet 的性能。

6）align：用来设置图形、对象和 Applet 的位置。

7）height：Applet 或 Bean 将要显示高的值，此值为数字，单位为像素。

8）width：Applet 或 Bean 将要显示宽的值，此值为数字，单位为像素。

9）hspace：Applet 或 Bean 显示时在屏幕上下所需留下的空间，单位为像素。

10）vspace：Applet 或 Bean 显示时在屏幕左右所需留下的空间，单位为像素。

11）jreversion：Applet 或 Bean 运行所需的 Java Runtime Environment（JRE）的版本，默认值是 1.1。

12）nspluginurl：Netscape Navigator 用户能够使用的 JRE 的下载地址，此值为一个标准的 URL。

13）iepluginurl：IE 用户能够使用的 JRE 的下载地址，此值为一个标准的 URL。

plugin 动作的操作实例如表 3-7 所示。

表 3-7　plugin 动作实例

实　例	详　解
<JSP:plugin type="applet" code="Model.class" codebase="/html">	被执行插件对象的类型为 applet，被执行的插件名称为 Model.class，被执行的 Java Class 文件的目录为/html

3.2.5　useBean 动作

<JSP:useBean>动作用于在某个指定的域范围中查找一个指定名称的 JavaBean 对象。如果存在，则直接返回该 JavaBean 对象的引用；如果不存在，则实例化一个新的 JavaBean 对象，并将它按指定的名称存储在指定的域范围中。

1．功能 useBean

用来创建一个 Bean 实例，并指定它的名称和作用范围。

2．语法

```
<JSP:useBean id="变量名" scope="作用范围" class="包名称" />
```

3．标签元素

1）id：给一个变量命名，此变量将指向 bean。如果发现存在一个具有相同的 id 和 scope 的 bean，则直接使用而不会再重新创建一个。

2）class：指出 bean 的完整的包名。

3）scope：page、request、session 和 application。默认为 page，表明 bean 仅在当前页可用（保存在当前的 pagecontext 中）。request 的值表明 bean 仅用于当前客户端的请求（保存在 servletrequest 对象中）。session 的值指出在当前 httpsession 的生命周期内，对象对所有的页面可用。最后，application 的值指出对象对所有共享 servletscontext 的页面可以使用。

useBean 动作的操作实例如表 3-8 所示。

表 3-8　useBean 动作实例

实　例	详　解
<JSP:useBean　id="db"　scope="page"　class="Bean"/>	创建一个 JavaBean 对象 db，范围是 page，类名称 class 是 Bean
<JSP:useBean　id="db"　scope="request"　class="test.Bean"/>	创建一个 JavaBean 对象 db，范围是 request，类名称是 test 包中的 Bean

3.2.6　setProperty 动作

setProperty 动作可以在 useBean 动作指令中使用，也可在声明了 useBean 后使用，但不能在声明之前使用。同一个 setProperty 动作指令中不能同时存在 param 和 value 参数。

1．功能

用来设置已经实例化的 Bean 对象的属性，有两种用法。一种方式是：用户可以在 JSP:useBean 元素的外面（后面）使用 JSP:setProperty。另一种方式是：JSP:setProperty 出现在 JSP:useBean 标签内。

2．语法

```
<JSP:setProperty name="实例名称" property="someProperty" ... value="value1"/>
```

3．标签元素

1）name：表示已经在<JSP:useBean>中创建的 Bean 实例的名称。

2）property：存储用户在 JSP 中输入的所有值，用于匹配 Bean 中的属性。在 Bean 中的属性的名称必须和 request 对象中的参数名一致。如果 request 对象的参数值中有空值，那么对应的 Bean 属性将不会设定任何值。同样，如果 Bean 中有一个属性没有与之对应的 Request 参数值，那么这个属性同样也不会设定。

3）value：用指定的值来设定 Bean 属性。这个值可以是字符串，也可以是表达式。如果是字符串，那么它就会被转换成 Bean 属性的类型（查看上面的表）；如果它是一个表达式，那么它的类型就必须和它将要设定的属性值的类型一致。如果参数值为空，那么对应的属性值也不会被设定。另外，用户不能在一个<JSP:setProperty>中同时使用 param 和 value。

setProperty 动作的操作实例如表 3-9 所示。

表 3-9 setProperty 动作实例

实　例	详　解
<JSP:setProperty name="calendar" property="*" />	表示要为 calendar 设置属性，"*"表示所有名称和 Bean 属性名称匹配的请求参数都将被传递给相应的属性 set 方法
<JSP:setProperty name="calendar" property="date" />	表示要为 calendar 这个 Bean 设置 date 的属性
<JSP:setProperty name="calendar" property= "date" value="shape"/>	表示要为 calendar 这个 Bean 设置 dater 的属性，Bean 属性的值为 shape

3.2.7 getProperty 动作

<JSP:getproperty>动作元素用来获取指定的 JavaBean 的属性值，然后转化成字符串输出，该动作包括 name 与 property 两个属性。 <JSP:getproperty>动作要与<JSP:useBean>一起使用，有时也与<JSP:setproperty>一起使用。

1．功能

getProperty 动作用于提取指定 Bean 属性的值，转换成字符串，然后输出。

2．语法

```
<JSP:getProperty name="实例名称"   property="someProperty" …/>
```

3．标签元素

1）name：Bean 的名称，由<JSP:useBean>指定。

2）property：所指定的 Bean 的属性名。

getProperty 动作的操作实例如表 3-10 所示。

表 3-10 getProperty 动作实例

实 例	详 解
<JSP:getProperty name="db" property="username" />	Bean 的名称为 db, Bean 的属性名为 username

<JSP:useBean>、<JSP:setProperty>和<JSP:getProperty>动作的详细用法参见第 8 章。

本章系统讲解了 JSP 的指令与动作。JSP 共有 3 种指令：page 指令、include 指令和 taglib 指令。指令的一般格式是：<%@指令名称 属性="值"%>。page 指令是设定整个 JSP 网页的静态属性，共有 8 个标签元素，实现 page 指令的全部功能。include 指令用来向当前页面插入一个静态文件的内容。taglib 指令用于引用自定义标签库。JSP 共有 6 个动作，JSP 动作可以动态地插入文件、重用 JavaBean 组建、把用户重定向到另外的页面，以及为 Java 插件生成 HTML 代码。

一、填空题

1．JSP 中有 3 种指令元素为（ ）、（ ）和（ ）。

2．JSP 动作可以动态地插入（ ）、重用（ ）组件、把用户重定向到（ ），以及为 Java 插件生成（ ）。

3．include 动作的 flush 标签的默认值为（ ）。

4．JSP 动作包括（ ）、（ ）、（ ）、（ ）、（ ）和（ ）。

5．<%@ include file=" ts.txt" %>的功能是（ ）。

6．<%@ page import="java.sql.*"%>的功能是（ ）。

7．<%@ page contentType="text/html;charset=GBK"%>的功能是（ ）。

8．<%@ page language="java"%>的功能是（ ）。

9．<%@ page session="true"%>的功能是（ ）。

10．page 指令的功能是（ ）。

11．<%@ page errorPage="error.JSP"%>的功能是（ ）。

12．%@ page isErrorPage ="true"%>的功能是（ ）。

13．<%@ page buffer="none"%>的功能是（ ）。

14．<%@ page info="this is a JSP"%>的功能是（ ）。

15．forward 动作允许将请求转发到（ ）、（ ）或者是（ ）。通常请求被转发后，会停止当前的 JSP 文件的执行。

16．<%@ include file="ts.txt" %>的功能是（ ）。

17．<%@ include file="/data/conn.JSP" %>的功能是（ ）。

18．<%@ include file="head.htm" %>的功能是（　　）。

19．<%@taglib url="/tags" %>的功能是（　）。

20．<%@ taglib prefix="public" %>的功能是（　）。

21．type：被执行的插件对象的类型，必须指定这个是（　），还是（　）。

22．<%@ taglib uri="http://www.qqhre.com/tags" prefix="JAXP" %>的功能是（　　）。

23．（　　）用来创建一个 Bean 实例，并指定它的（　）和（　　）。

24．<JSP:include page="welcome.JSP" flush="true"/>的功能是（　）。

25．<JSP:forward page="/servlet/login"/>的功能是（　）。

26．getProperty 动作的功能是（　　）。

27．errorPage 的基本格式为（　）。

二、选择题

1．JSP 网页的缓冲区大小默认为（　　）。

A．125K　B．256K　C．64K　D．8K

2．JSP 启动后动作再调用的包为（　）。

A．JAVA.LANG　B．java.servlet.*

C．java.servlet.JSP.*　D．JAVA.SCRIPT

3．include 指令可以插入以下哪几个文件？（　　）

A．JSP 程序　B．HTML 代码

C．文本　D．可执行文件

4．以下不属于 JSP 指令的有（　　）。

A．page　B．include

C．taglib　D．errorPage

5．taglib 指令可以使用的标签前缀是（　　）。

A．JSP　B．JSPx　C．java　D．asun

6．用于把请求转到一个新的页面的是（　　）。

A．JSP:plugin　B．JSP:include

C．JSP:setProperty　D．JSP:getProperty

7．以下不是 setProperty 动作属性的是（　　）。

A．name　B．property

C．value　D．param

8．以下不是 page 动作属性的是（　　）。

A．language　B．import

C．cotent　D．property

9．<JSP:forward>标签以下的代码（　　）。

A．不能被执行　B．可以被执行

C．稍后被执行　D．人为控制执行

10．inclued 指令引入的内容为（　　）。

A．静态文本　B．动态文本

C．静态动态混合文本　D．以上都不对

三、判断题

1．JSP 的指令元素并不直接产生任何可见的输出。（　）

2．include 指令用来向当前页面插入一个动态文件的内容。（　）

3．include 指令的 File 指明被插入的文件名。（　）

4．<%@taglib url="/tags" %>设置标签库的前缀为/tags。（　）

5．include 动作可以插入静态 HTML 文件或动态的 JSP 文件。（　）

6．useBean 动作的 class 标签指出 bean 的完整的包名。（　）

7．目前 JSP 只可以使用 Java 语言。（　）

8．page 指令的 session 默认为.fault。（　）

9．setPropety 动作的标签 value 不可以是表达式。（　）

10．不能在一个<JSP:setProperty>中同时使用 param 和 value。（　）

四、问答题

1．什么是 JSP 的指令，JSP 共有哪几种指令，简述其功能。

2．什么是 JSP 的动作，简述 include、forward、plugin、useBean、setProperty 和 getProperty 的功能。

第4章 JSP常用对象

本章知识结构框图

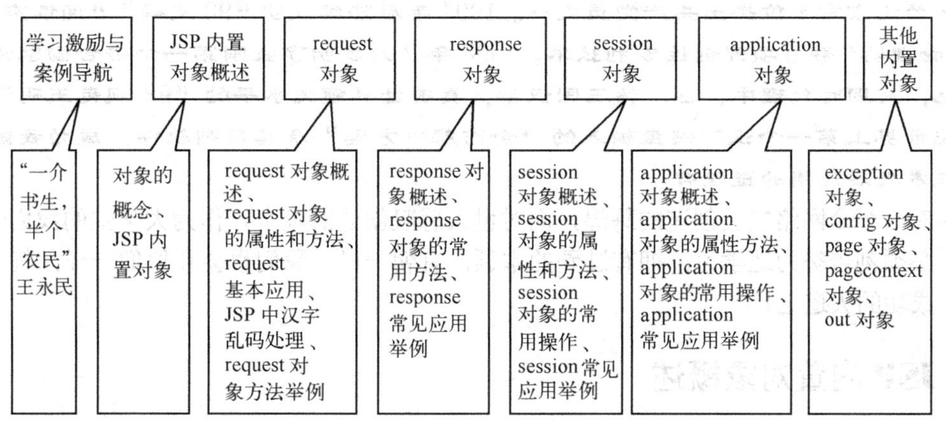

本章知识要点

1. JSP内置对象。
2. Request、Response、Session和Application对象。
3. 其他内置对象。

本章学习方法

1. 奠定基础，理论先行，加强理解，熟记基本理论。
2. 广泛阅读相关资料，深度拓展知识范围。
3. 查阅已经学过的网络技术、电子商务概论等书籍，温故知新。

学习激励与案例导航

“一介书生，半个农民”王永民

王永民，中国民营科技实业家协会副理事长、北京王码电脑公司、北京王码网公司总裁。1943 年 12 月生于河南省南阳市南召县贫农家庭。毕业于中国科技大学。1978－1983 年，以 5 年之功研究并发明被国内外专家评价为“其意义不亚于活字印刷术”的“五笔字型”（王码）。1983 年后，又以 15 年之力推广普及，使之覆盖国内 90% 以上的用户；曾 5 次应邀赴联合国讲学，以“五笔字型”在全世界的广泛影响和应用，为祖国赢得了荣誉；1984 年又荣获“五一劳动奖章”“国家级专家”“全国优秀科技工作者”等称号；1988 年 4 月成为国务院特别命名的十名“全国劳动模范”之一。1993 年当选为北京市十位杰出共产党员之一。1994 年后陆续发明“98 王码”“阅读声译器”“名片管理器”等 5 项开创性专利技术。1998 年 2 月发明了我国第一个符合国家语言文字规范，能同时处理中、日、韩三国汉字，具有世界领先水平的“98 规范王码”，同时推出世界上第一个汉字键盘输入的“全面解决方案”及其系列软件，成为我国汉字输入技术发展应用的里程碑。

面对一个个网络精英创造的辉煌，面对世人感叹创业的艰辛，作为大学生的我们一定要明白，必须刻苦努力地学习，拥有过硬的本领，有朝一日，我们也会和他们一样，气宇轩昂地走在成功的大道上！

4.1 JSP 内置对象概述

4.1.1 对象的概念

面向对象程序设计是当代计算机编程的主流技术，类、对象、方法、事件和属性是踏入编程世界的初学者倍感头痛又必须掌握的基本概念。下面给大家举个例子来说明这些概念。

对面有一个人，走近一看是张小虎，他身高 1.1 米、30 千克重，会扫地、会吃饭、会穿衣，我打了他一巴掌，他立即关了计算机，开始写作业。类及其有关概念如表 4-1 所示，对象的示意图如图 4-1 所示。

表 4-1 类及有关概念

实　例	概念	说　明
人	类	生活中的一个类别称为类。具有相同或相似性质的对象的抽象就是类，如汽车、房子和学生等都是类
张小虎	对象	类的一个具体东西称为对象，对象的抽象是类，类的具体化就是对象，也可以说类的实例是对象。如一辆汽车、一座房子和某个学生等都是类的一个对象
身高 1.1 米、30 千克重	属性	对象是什么样的，称为对象的属性
会扫地、会吃饭、会穿衣	方法	对象能做什么，称为对象的方法
我打了他一巴掌，他立即关了计算机，开始写作业	事件	对象遇到某件事情所做出的反应称为事件，如单击事件、双击事件和拖放事件等

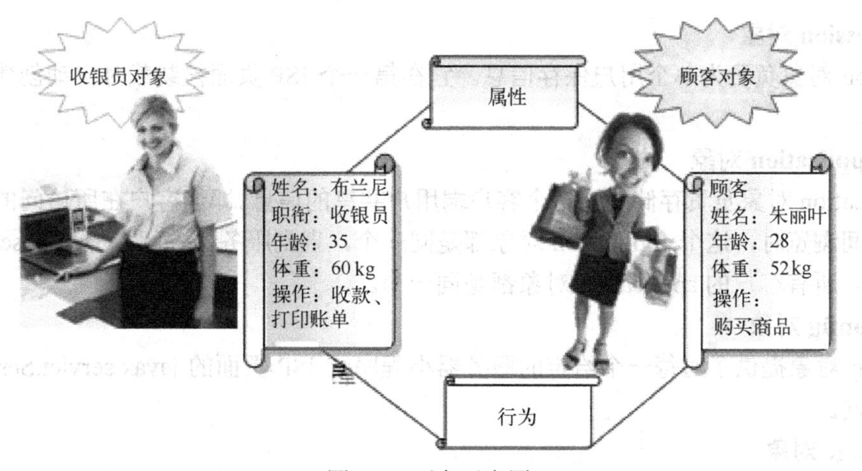

图 4-1　对象示意图

通过实例可以得到以下几个概念。

1）类（class）是对现实生活中一类具有共同特征的事物的抽象，是面向对象编程的基础。对象的抽象是类，类的具体化就是对象，也可以说类的实例是对象。类是对某个对象的定义。它包含有关对象的方法、属性和事件。

2）对象：对象（object）是一件事、一个实体或一个名词，对象是类的实例化。比如一辆汽车、一个人，概括来说就是万物皆对象。

3）属性是对象特征的描述。比如电视机的重量、尺寸和价格等是用来描述这台电视机特征的，这些都是电视机的属性。

4）方法：对象的行为（执行的操作）称为方法。

5）事件：指对象遇到某件事情时所做出的反应。

4.1.2　JSP 内置对象

JSP 内置对象是指 JSP 提供的事先定义好的、具有专门功能的对象，它们在使用的过程中不需要声明即可直接使用，具有使用方便、功能强大的特点，是 JSP 编程中不可缺少的重要对象。内置对象的基本功能有以下 3 点：

1）读取客户端浏览器发送的请求信息。这是 JSP 程序实现交互功能的最基本方法，也是 JSP 对象中最重要的功能。

2）响应客户端浏览器请求。读取与响应是实现服务器端和客户端交互的两个重要功能。

3）存储用户信息。JSP 的 application 和 session 两个对象实现了对用户信息的存储。

在 JSP 内部已经定义好了 8 个 JSP 对象，应用这些内部对象，可以实现很多重要的功能。它们分别是：out 对象、request 对象、response 对象、config 对象、page 对象、pagecontext 对象、application 对象和 session 对象。

1．request 对象

request 对象是从客户端获取信息的对象，其主要功能是读取用户提交的表单中的数据或 Cookies 中的数据。

2．response 对象

response 对象用于返回信息到客户端，其主要功能是向浏览器输出文本、数据和 Cookies 等。

3. session 对象

session 对象负责为单个用户保存信息。它在第一个 JSP 页面被装载时自动创建，完成会话期管理。

4. application 对象

application 对象负责存储能让多个客户端用户共享的信息。即当客户在所访问的网站的各个页面之间浏览时，这个 application 对象都是同一个，直到服务器关闭。但是与 session 对象不同的是，所有客户的 application 对象都是同一个。

5. config 对象

config 对象提供了对每一个给定的服务器小程序或 JSP 页面的 javax.servlet.ServletConfig 对象的访问。

6. page 对象

page 对象代表 JSP 本身，更准确地说，它代表 JSP 被转译后的 Servlet，它可以调用 Servlet 类所定义的方法。

7. pagecontext 对象

pagecontext 对象用于管理属于 JSP（SUN 企业级应用的首选）中特别可见部分中已经命名对象的访问。

8. out 对象

Out 对象是一个输出流，用来向客户端输出数据。out 对象用于各种数据的输出。Javax.servlet.JSP.JSPWriter 对象是通过 out 隐含对象来引用的。

4.2 request 对象

在内置对象中，使用最为频繁的对象是 request 对象，该对象是从客户端向服务器发出请求，客户端通过表单或在网页地址后面提供参数的方法提交数据，然后通过 request 对象的相关方法来获取这些数据。

4.2.1 request 对象概述

在学习 request 对象之前，先讨论一个司空见惯的邮件收发的实例。在浏览器上输入 http://www.126.com，打开如图 4-2 所示的窗口。

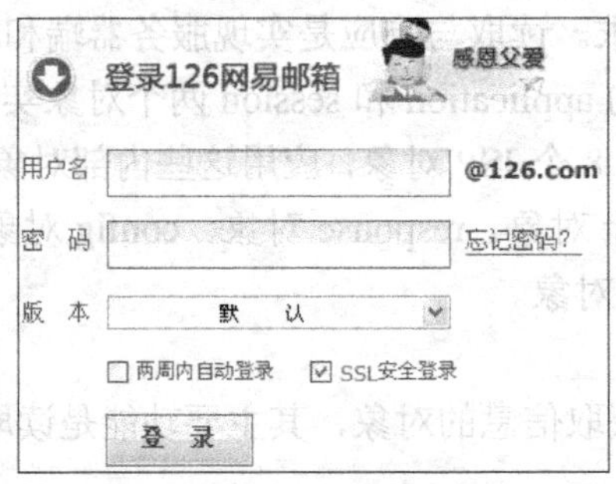

图 4-2　126 邮箱登录界面

在如图 4-2 中所示的窗口中输入用户名和密码后，浏览器将向网易公司所在的服务器发出请求，服务器核对用户名及密码准确无误后，返回用户邮箱操作界面，用户才能进行后续操作。

在这个实例中，用户填写完用户名和密码后单击“登录”按钮，此时浏览者（即客户端）向服务器发出打开邮箱请求，这里使用的便是request对象，而服务器核对无误打开邮箱，返回邮箱操作窗口则是响应，使用的是response对象。

1．request对象的功能

request 对象是网络编程中最常用的对象，担负着客户端向服务器端发出请求的重任。request 对象包含的是客户端向服务器发出请求的内容，即该对象封装了用户提交的信息，通过这个对象可以了解到客户端向服务器端发出请求的内容和客户端的相关资料。其功能归纳起来主要有以下两个。

1）客户端向服务器端发送请求。将客户端提交的信息发送到服务器端，服务器端交给处理程序进行处理。

2）获取客户端基本信息。用过QQ聊天工具的人都知道，QQ可以检测到上网用户所使用的计算机的IP地址。request的功能远不止如此，它可以获取用户上网所使用计算机的大部分信息，如IP地址、计算机名称、服务器名称、使用的端口号和协议等。

2．request对象的类

request 对象在服务器启动时自动创建，是 javax.servlet.HttpServletRequest 接口的一个实例。在实际使用时不必先声明，可以直接使用。

4.2.2 request对象的属性和方法

request 对象的常用方法有很多，其中最常用的是 getQueryString 和 getParameterValues。表4-2写出了request方法及释义。

表4-2 request常用方法及注解

方　法	注　解
Object getAttribute(String name)	返回指定属性的属性值
Enumeration getAttributeNames()	返回所有可用属性名的枚举
String getCharacterEncoding()	返回字符编码方式
int getContentLength()	返回请求体的长度（以字节数）
String getContentType()	得到请求体的MIME类型
ServletInputStream getInputStream()	得到请求体中一行的二进制流
String getParameter(String name)	返回name指定参数的参数值
Enumeration getParameterNames()	返回可用参数名的枚举
String[] getParameterValues(String name)	返回包含参数name的所有值的数组
String getProtocol()	返回请求用的协议类型及版本号
String getScheme()	返回请求用的计划名，如:http、https及ftp等
String getServerName()	返回接受请求的服务器主机名
int getServerPort()	返回服务器接受此请求所用的端口号
BufferedReader getReader()	返回解码过的请求体
String getRemoteAddr()	返回发送此请求的客户端IP地址
String getRemoteHost()	返回发送此请求的客户端主机名

（续）

方　法	注　解
Void setAttribute(String key,Object obj)	设置属性的属性值
String getRealPath(String path)	返回某一虚拟路径的真实路径
getParameter()	可以让用户指定请求参数名称，以取得对应的设定值
getMethod()	请求方法
getContextPath()	Context 路径
getRequestURI()	URI 路径
getServletPath()	Servlet 路径
getQueryString()	查询字符串
getRemotePort()	使用者使用的端口号

4.2.3 request 基本应用

1. 表单交互

网页中使用了表单，常见的用户注册、用户登录、站内搜索和在线调查等都是通过表单将用户添写的数据上传到服务器上的，如图 4-3 所示。

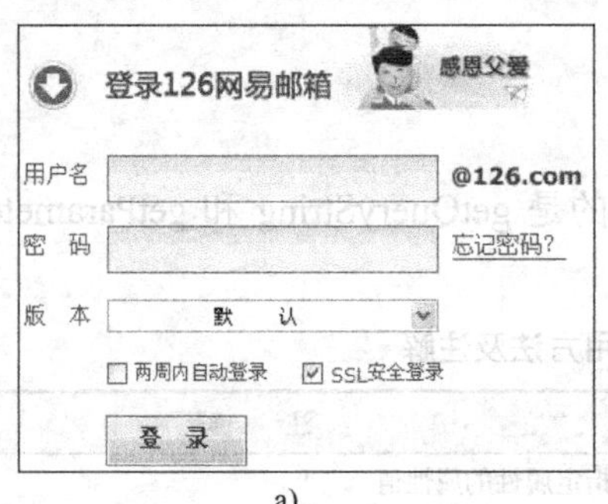

a)

b)

图 4-3　表单交互示例

a) 126 邮箱登录界面　b) 办公自动化登录界面

（1）语法格式如下。

String getParameter(String name)

getParameter 主要用于获取由表单传过来的参数，其中 name 是上一个页面的表单中输入域的名称，返回值为字符串。

（2）【案例 4-1】获取简单表单提交的信息。

1）启动 Eclipse 开发环境，新建工程 char04，在工程 char04 里新建 JSP 文件 exam4-1.jsp。

2）编写用于输入信息，并提交表单的 html 程序，名称为 input.html,代码如下：

```
<html>
<head>
<title>获取表单数据</title>
</head>
```

```
<body bgcolor="white">
    <form action="exam4-1.Jsp" method=post name=form>
        <input type="text" name="boy">
        <input type="submit" value="Enter" name="submit">
    </form>
</body>
</html>
```

3）在工程 char04 里新建 JSP 文件 exam4-1.jsp，编写用于接收表单提交信息，代码如下：

```
<%@ page language="java" contentType="text/html; charset=UTF-8"    pageEncoding="UTF-8"%>
<html>
<head>
<title>接收表单信息</title>
</head>
<body bgcolor="white">
<p>获取文本框提交的信息：
        <%String strContent=request.getParameter("boy");%>
        <%=strContent%>
<p> 获取按钮的名字：
    <%String strButtonName=request.getParameter("submit");%>
        <%=strButtonName%>
</body>
</html>
```

运行结果如图 4-4 所示。

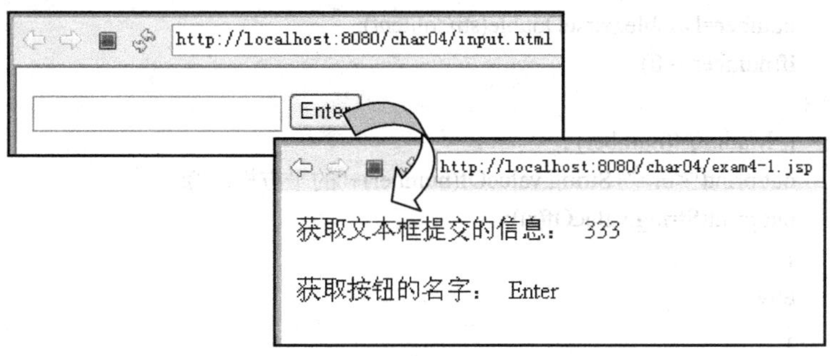

图 4-4　表单提交示例运行结果

（3）表单数据上传的两种方式。

表单数据的上传有两种方式：get 和 post。这两种方式各有优缺点，其中 post，顾名思义就是邮递的意思，其上传方法是将所有需要上传的内容打成“包”，类似邮局邮递包裹，一并上传。get 则有得到、收到和携带之意，是将需要上传的数据附着在网址后面一并上传。当有多个值要使用 get 方式进行传递时，多个值之间使用符号“&”分隔开。例如，http://www.qqhre.com/search.asp?id='11'&name='朱红'。

post 安全性较高，get 安全性非常低，但是执行效率却比 post 方法好。get 传送的数据量较小，不能大于 2KB。post 传送的数据量较大，一般被默认为不受限制。

（4）使用 request 对象获取信息要注意避免使用空对象，否则会出现 NullPointerException 异常，所以要经常对空对象（null）进行处理，以增强程序的健壮性。

【案例 4-2】求平方根。

本例中通过在同一个页面中实现输入数据和用 request 对象获取数据，说明使用 request 对象获取信息要注意避免使用空对象。在工程 char04 里新建 JSP 文件 exam4-2.jsp，源代码如下：

```
<%@ page language="java" contentType="text/html; charset=UTF-8"    pageEncoding="UTF-8"%>
<html>
<head>
<title>求平方根</title>
</head>
<body>
<form action="" method=post name=form>
        <input type="text" name="num1">
        <input type="submit" value="enter" name="submit">
</form>
<%
      String strContent=request.getParameter("num1");
      double number=0,r=0;
      if(strContent==null)
      {
      strContent="";
      }
      try
       {
            number=Double.parseDouble(strContent);
            if(number>=0)
          {
            r=Math.sqrt(number) ;
            out.print("<br>"+String.valueOf(number)+"的平方根：");
            out.print(String.valueOf(r));
            }
            else
            {
            out.print("<br>"+"请输入一个正数");
             }
      }
      catch(NumberFormatException e)
      {
      out.print("<br>"+"请输入数字字符");
      }
   %>
  </body>
</html>
```

运行程序后，在未输入数据前，在输入框下方将显示“请输入数字字符”，这是因为程序自动判断文本输入框为空，当输入数值并单击“确定”按钮计算后，这行文本消息取而代之的是计算结果，如图 4-5 所示。

图 4-5　求平方根运行结果

2．获得信息

除了向服务器端提交信息以外，request 的另外一个功能就是获取客户端的信息。下面通过实例予以说明。

【**案例 4-3**】使用 request 对象获取客户端信息。

在工程 char04 里新建 JSP 文件 exam4-3.jsp，源代码如下：

```
<%@ page language="java" contentType="text/html; charset=UTF-8"
    pageEncoding="UTF-8"%>
<html>
<HEAD>
    <TITLE>request 取得客户端信息举例</TITLE>
</HEAD>
<BODY>
  <% String ip=(String)request.getRemoteAddr();%>
   您的 IP 地址是：     <%=ip%>
   <br>
     <% String cn=(String)request.getRemoteHost();%>
    您的计算机名称是：<%=cn%>
</BODY>
</html>
```

程序运行后，将显示 IP 地址和计算机名称，如图 4-6 所示。

图 4-6　request 对象获取客户端信息运行结果

4.2.4　JSP 中汉字乱码处理

初学 JSP 的人，最头痛的就是辛辛苦苦编写的程序，好不容易调试成功之后，显示的页面却面目全非，这就是乱码问题。

1．JSP 中可能出现乱码的地方

JSP 中可能出现乱码的地方共有以下 3 处：

1）JSP 页面显示乱码，如果 JSP 文件开始没有指明代码所使用的编码方式，JSP 在页面中的汉字将变成一堆乱码。

2）表单提交中文时出现乱码。表单数据在提交后，接收时必须进行特殊处理，否则提交上来的数据也是一堆乱码。

3）数据库使用时显示乱码。

2．JSP 页面显示乱码的解决

JSP 页面显示乱码是由于服务器使用的编码方式不同和浏览器对不同的字符显示结果不同而导致的。下面的程序是一个最简单的 JSP 程序，运行时将显示如图 4-7 所示的乱码。

【案例 4-4】程序代码如下。

```
<html>
<head>
        <title>JSP 的中文处理</title>
</head>
<body>
<%out.print("JSP 的页面显示乱码的处理");%>
</body>
</html>
```

解决办法很简单，只需在 JSP 页面中指定编码方式即可，一般将编码方式指定为 gb2312 即可，在页面的第一行前加上：<%@ page contentType="text/html; charset=gb2312"%>，就可以消除乱码。运行结果如图 4-8 所示。

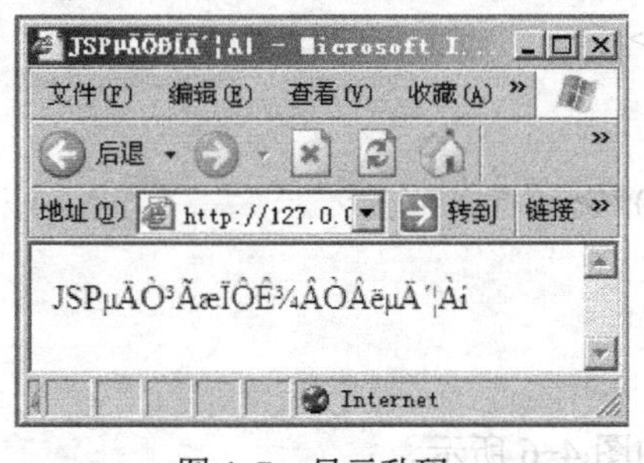

图 4-7　显示乱码

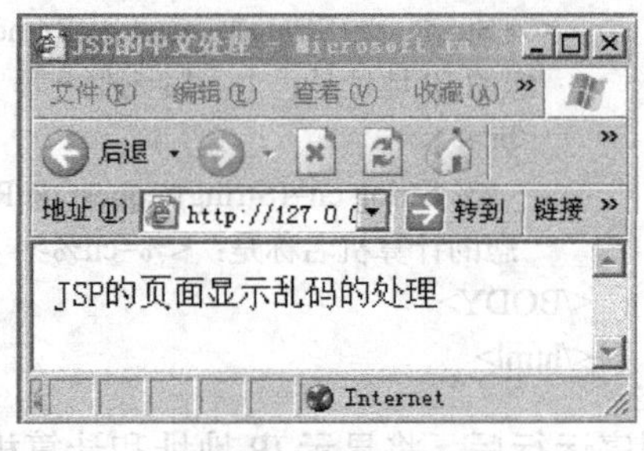

图 4-8　运行结果

3．表单提交中文时出现乱码的处理

表单提交英文字符能正常显示，一旦提交中文时就会出现乱码。其原因是浏览器默认使用 UTF-8 编码方式来发送请求，UTF-8 编码方式是在互联网上使用最广的一种 unicode 的实现方式，而汉字显示则使用 GB2312 编码方式，UTF-8 和 GB2312 编码方式表示字符是不一样的，这样就出现了不能识别字符的情况。

处理方式有以下两种。

第一种方式：通过 request.seCharacterEncoding ("gb2312")对请求进行统一编码，就实现了中文的正常显示。

第二种方式：首先将获取的字符串用 ISO-8859-1 进行编码，然后将其存放到一个字节数组中，最后将这个数组转化为字符串即可。

【案例 4-5】表单乱码处理的第一种方式，代码如下。

表单提交页面：

```
<html>
<head>
    <title>JSP 的中文处理 1</title>
</head>
<body>
<form name="form1"
    method="post" action="process.JSP">
<input type="text" name="name">
<input type="submit"
    name="Submit" value="Submit">
</form>
</body>
</html>
```

表单处理页面

```
<%@ page contentType=
"text/html; charset=gb2312"%>
<html>
<head>
    <title>JSP 的中文处理 2</title>
</head>
<body> <%=request.getParameter("name")%>
</body>
</html>
```

【案例 4-6】表单乱码处理的第二种方式代码如下。

表单提交页面：

```
<html>
<head>
    <title>JSP 的中文处理</title>
</head>
<body>
<form name="form1"
method="post" action="process.JSP">
<input type="text" name="name">
<input type="submit"
    name="Submit" value="Submit">
</form>
</body>
</html>
```

表单处理页面

```
<%@ page contentType="text/html; charset=gb2312"%>
<html>
<head>
```

```
    <title>JSP 的中文处理</title>
</head>
<body>
<%=request.getParameter("name")%>
</body>
</html>
```

4．数据库乱码的处理

这种乱码会使插入数据库的中文变成乱码，或者读出显示时也是乱码，解决方法为：在数据库连接字符串中加入编码字符集。

```
String Url="jdbc:mysql://localhost/digitgulf?
user=root&password=root&useUnicode=true&characterEncoding=GB2312";
```

并在页面中使用如下代码。

```
response.setContentType("text/html;charset=gb2312");
request.setCharacterEncoding("gb2312");
```

4.2.5 request 对象方法举例

【案例 4-7】 request 对象取得客户端信息。

本例将取得客户端的通信协议、IP 地址、服务器名称、通信端口等信息，在工程 char04 里新建 JSP 文件 exam4-7.jsp，运行结果如图 4-9 所示，源代码如下：

```
<%@ page language="java" contentType="text/html; charset=UTF-8"
    pageEncoding="UTF-8"%>
<html>
<head>
   <title>Request 对象应用演示</title>
</head>
<body>
<h2>Request 对象方法演示</h2>
<table border="1">
    <tr>
        <td>通信协议:</td>
        <td><%= request.getProtocol() %></td>
    </tr>
    <tr>
        <td>请求方式:</td>
        <td><%= request.getScheme() %></td>
    </tr>
    <tr>
        <td>服务器名称:</td>
        <td><%= request.getServerName() %></td>
    </tr>
    <tr>
        <td>通信端口:</td>
```

```
            <td><%= request.getServerPort() %></td>
        </tr>
        <tr>
            <td>使用者 IP:</td>
            <td><%= request.getRemoteAddr() %></td>
        </tr>
        <tr>
            <td>主机地址:</td>
            <td><%= request.getRemoteHost() %></td>
        </tr>
    </table>
    </body>
    </html>
```

图 4-9　运行结果

1．获取负责表单提交的信息

【案例 4-8】在线考试系统。

本例是 jsp 对象在常用的在线考试系统中的一个简单应用，在工程 char04 里新建 html 文件 exam4-8.html，源代码如下：

```
<html>
<body>
<font size=2 >
<p>在 JSP 中,可以获得用户表单提交的信息的内置对象是:(      )
  <form action="requestdemo.jsp" method=post name=form>
    <input type="radio" name="t1" value="a">response 对象
    <input type="radio" name="t1" value="b">request 对象
    <br>
    <input type="radio" name="t1" value="c">session 对象
    <input type="radio" name="t1" value="d" checked="ok">application 对象
    <br>
<p>在 SQL 语言中,为了实现数据的更新,使用的命令是:(      )
    <br>
    <input type="radio" name="t2" value="a">update 语句
    <input type="radio" name="t2" value="b">insert 语句
    <br>
```

```
    <input type="radio" name="t2" value="c">select 语句
    <input type="radio" name="t2" value="d">delete 语句
    <br>
    <input type="submit" value="提交答案" name="submit">
  </form>
</font>
</body>
</html>
```

【案例 4-9】 request 获取 radio 表单数据。

在工程 char04 里新建 JSP 文件 requestdemo.jsp，用于对 exam4-8 提交信息的接收和处理，源代码如下：

```
<%@ page language="java" contentType="text/html; charset=UTF-8"
    pageEncoding="UTF-8"%>
<html>
<body><font size=3>
<% int n=0;
  String s1=request.getParameter("t1");
  String s2=request.getParameter("t2");
  if(s1==null)
    {s1="";}
  if(s2==null)
    {s2="";}
  if(s1.equals("b"))
    { n++;}
  if(s2.equals("a"))
    { n++;}
%>
<P>您得了<%=n%>分
</font>
</body>
</html>
```

exam4-8.html 的运行结果如图 4-10 所示，用户进行相关选择后，单击“提交答案”按钮，由 requestdemo.jsp 处理后得到考试成绩，如图 4-11 所示。

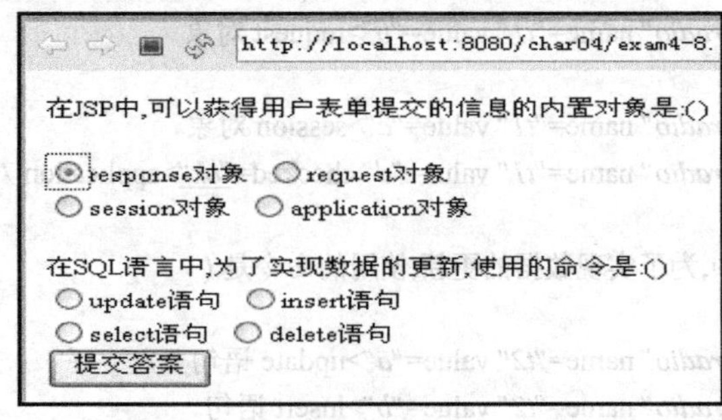

图 4-10　exam4-8.html 的运行结果

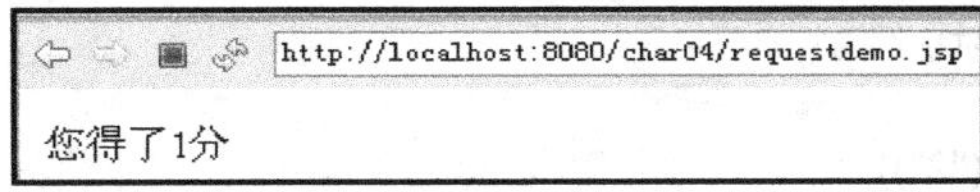

图 4-11　考试成绩运行结果

【案例 4-10】request 编写复杂计算程序。

在工程 char04 里新建 html 文件，程序名称为 exam4-10.html。用于显示计算数据选取页面。

```
<%@ page language="java" contentType="text/html; charset=UTF-8"   pageEncoding="UTF-8"%>
<HTML>
<BODY  >
<P>选择计算和的方式:
  <FORM action="execute.jsp" method=post name=form>
    <Select name="sum" size=1>
      <Option Selected value="1">计算 1 到 n 的连续和
      <Option value="2">计算 1 到 n 的平方和
      <Option value="3">计算 1 到 n 的立方和
    </Select>
<P>选择 n 的值：<BR>
    <Select name="n" >
      <Option value="10">n=10
      <Option value="20">n=20
      <Option value="30">n=30
      <Option value="40">n=40
      <Option value="50">n=50
      <Option value="100">n=100
    </Select>
    <BR><BR>
  <INPUT TYPE="submit" value="提交你的选择" name="submit">
</BODY>
</HTML>
```

在工程 char04 里新建 html 文件，程序名称为 execute.jsp，用于接收 exam4-10.jsp 中提交的数据，并进行计算，代码如下：

```
<%@ page language="java" contentType="text/html; charset=UTF-8"   pageEncoding="UTF-8"%>
<html>
<body >
<% long sum=0;
  String s1=request.getParameter("sum");
  String s2=request.getParameter("n");
  if(s1==null)
    {s1="";}
  if(s2==null)
    {s2="0";}
  if(s1.equals("1"))
    {
     int n=Integer.parseInt(s2);
         for(int i=1;i<=n;i++)
```

```
        { sum=sum+i; }
    }
    else if(s1.equals("2"))
    {
     int n=Integer.parseInt(s2);
         for(int i=1;i<=n;i++)
        { sum=sum+i*i; }
    }
    else if(s1.equals("3"))
    {
     int n=Integer.parseInt(s2);
          for(int i=1;i<=n;i++)
        { sum=sum+i*i*i; }
    }
%>
<p>您的求和结果是:<%=sum%>
</body>
</html>
```

4.3 response 对象

4.3.1 response 对象概述

response 对象负责将信息由服务器发送给用户，与 request 相反。response 对象用于动态响应客户端请求，并将动态生成的响应结果返回到客户端浏览器中。response 对象的主要功能是重定向浏览器到另一个 URL。类似 HTML 中的超链接，执行到该段代码时将跳转到新的页面。

4.3.2 response 对象的常用方法

response 对象的常用方法有很多，表 4-3 给出了 response 常用方法及释义。

表 4-3 response 常用方法及释义

方　法	释　义
addCookie(Cookie cook)	添加一个 Cookie 对象，用来保存客户端的用户信息
addHeader(String name,String value)	添加 Http 文件头信息，该 Header 将传到客户端去，如果已经存在同名的 Header，将会覆盖已有的 Header
containsHeader(String name)	判断指定名称的 Http 文件头是否已经存在，然后返回真或假布尔值
encodeURL()	使用 sessionId 来封装 URL，如果没有必要封装 URL，返回原值
flushBuffer()	强制把当前缓冲区的内容发送到客户端
getBufferSize()	返回缓冲区的大小
getOutputStream()	返回到客户端的输出流对象
sendError(int)	向客户端发送错误的信息。例如，404 是指网页不存在或者请求的页面无效
sendRedirect(String location)	重定位地址，把地址转向 location
setContentType(String contentType)	设置响应的 MIME 类型
setHeader(String name,String value)	设置指定名称的 Http 文件头的值，如果该值已经存在，则新值会覆盖旧值

4.3.3 response 常见应用举例

1. 重定向

response 最常用的功能是重定向网址，类似网页中的超链接，将各种网络请求重新定向转到其他位置。

语法格式如下。

```
response.sendRedirect("网址");
```

【案例 4-11】 response 重定向。

在工程 char04 里新建 html 文件，程序名称为 exam4-12.html。该程序用于选择重定向网址，源代码如下：

```
<html>
     <title>网页重定向</title>
 <body>
 <font color = "red">使用 response 的 sendRedirect 方法重新定向网页示例：</font>
     <form action = "Response.jsp" method = "post" >
     <input type = "radio" name = "view" value = "cctv" >中央电视台<br>
<input type = "radio" name = "view" value = "xxgc" checked>齐齐哈尔信息工程学校 <br>
<input type = "radio" name = "view" value = "qqhedx"> 齐齐哈尔大学<p>
<input type = "submit" value = "提交">
</form>
</body>
</html>
```

在工程 char04 里新建 JSP 文件，程序名称为 Response.jsp。该程序用于重定向到指定的网址，运行结果如图 4-12 所示，源代码如下：

```
<%String view = request.getParameter("view");
 if(view.equals("cctv"))
        response.sendRedirect("http://www.cctv.com");
     else if(view.equals("xxgc"))
response.sendRedirect("http://www.qqhre.com");
     else if(view.equals("qqhedx"))
        response.sendRedirect("http://www.qqhru.com");
%>
```

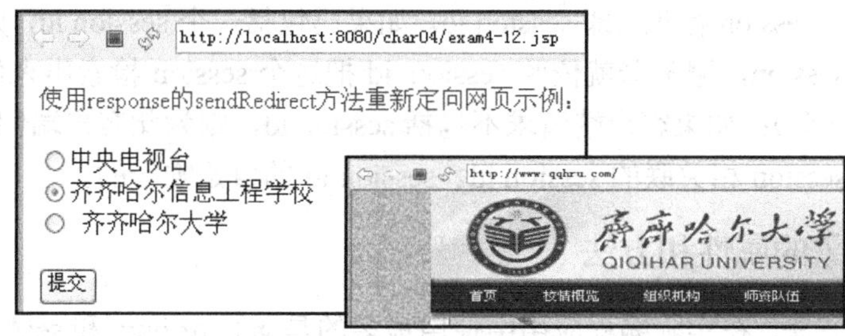

图 4-12 response 重定向

【**案例 4-12**】使用 response 刷新页面。

在工程 char04 里新建 JSP 文件，程序名称为 exam4-12.jsp，利用 response 的刷新功能，实现时钟每 2 秒刷新一次，给人的感觉是时钟在“走”。运行结果如图 4-13 所示，源代码如下：

```
<%@ page language="java" contentType="text/html; charset=UTF-8"
    pageEncoding="UTF-8"    import="java.util.*"    %>
<html>
<head><title>response 动态刷新页面</title></head>
<body>
<%
        response.setHeader("refresh","2");
out.println(new Date().toLocaleString());

%>
</body>
</html>
```

图 4-13　response 的刷新功能

4.4　session 对象

4.4.1　session 对象概述

1．session 的基本含义

session 的中文意思是“会话”，在 JSP 中代表了服务器与客户端之间的“会话”。从一个客户打开浏览器并连接到服务器开始，到客户关闭浏览器离开这个服务器结束，被称为一个会话。举个简单的例子，人们打电话时从拿起电话拨号到挂断电话这中间的过程就是一个会话，可以称之为一个 session。当客户访问一个服务器时，可能会在这个服务器的几个页面之间反复跳转反复刷新一个页面，服务器会通过 session 对象知道这是同一个客户。

2．session 的工作过程

当程序需要为某个客户端的请求创立一个 session 时，服务器首先检查这个客户端的请求中是否已包含了一个 session 标识，即 session id。如果已包括一个 session id，则说明以前已经为此客户端创建过 session，服务器就依照 session id 把这个 session 检索出来使用（如果检索不到，可能会新建一个）；如果客户端请求不包括 session id，则为此客户端创建一个 session，并且生成一个与此 session 相关联的 session id。session id 的值是唯一的。

4.4.2　session 对象的属性和方法

session 有很多方法，在实际编程应用中使用最多的是 getAttribute 和 setAttribute，具体方法及其释义如表 4-4 所示。

表 4-4　session 的方法及释义

方　法	释　义
getAttribute(String name)	取得 session 会话变量的值
setAttribute(String name,java.lang.Objecct value)	设置指定名称 name 的属性值 value，并将之存储到 session 对象中
getAttributeNames()	返回 session 对象中存储的每一个属性对象，其结果为一个枚举的实例
getCreationTime()	返回 session 被创建的时间，最小单位为千分之一秒
getId()	此方法返回唯一的标识，每个 session 的 id 是不同的
getMaxInactiveInterval()	返回总时间（秒），负值表示 session 永远不会超时。它的值为该 session 对象的生存时间
invalidate()	销毁这个 session 对象，使得和它绑定的对象都失效
isNew()	如果客户端不接受使用 session，那么每个请求中都会产生一个 session 对象
removeAttribute(String name)	删除与指定 name 相联系的属性

4.4.3　session 对象的常用操作

session 在实际应用中使用频率最高的操作是存入变量与读取变量，掌握这两个方法的使用也就掌握了 session 的核心功能。

1）存入 session 信息。根据需要，可以将多个信息存入 session 中。在早期的 JSP1.0 版本中，使用 putValte 方法实现这一功能，现在则使用 setAttribute 方法将信息存入 session 中，其语法格式如下。

session. setAttribute("变量名称",值)

2）读取 session 信息。session 中的信息在使用前要先读取，读取使用 getAttribute 方法，在 JSP1.0 版本中则使用 getValue 方法，其语法格式如下。

session. getAttribute ("变量名称");

3）删除 session 信息。session 中的信息不再需要时，可以随意移除，移除使用 removeAttribute 方法，其语法格式如下。

session. removeAttribute(“变量名称”)

4.4.4　session 常见应用举例

【案例 4-13】使用 session 的用户登录程序。

1）编写用户登录界面。在工程 char04 里新建 html 文件 input_session.html，用于输入用户名和密码，并提交，源代码如下：

```
<html>
<head><title>用户登录</title></head>
<body>
<form method="post" action="login1.Jsp">
    <p>用户名:<input type="text" name="user" size="18" /></p>
    <p>密码:<input type="text" name="password" size="20" /></p>
    <p>
```

```
            <input type="submit" name="ok" value="提交" />
            <input type="reset" name="cancel" value="重置" />
        </p>
    </form>
    </body>
    </html>
```

2）编写提交信息接收与处理程序。在工程 char04 里新建 JSP 文件 exam4-15.jsp，源代码如下：

```
    <%@ page language="java" contentType="text/html; charset=UTF-8"
            pageEncoding="UTF-8"%>
        <html>
        <head>
        <meta http-equiv="Content-Type" content="text/html; charset=utf-8">
        <title>session 应用演示</title>
        </head>
        <body>
        <%
        if(request.getParameter("user")!=null && request.getParameter("password")!=null){
        String strName = request.getParameter("user");
        String strPassword = request.getParameter("password");
        if(strName.equals("ykx")&&strPassword.equals("123456")){
              session.setAttribute("login","OK");
              response.sendRedirect("welcome.Jsp");
        }else{
              out.println("<h2>登陆错误，请输入正确的用户名和密码！</h2>");
        }
    }
    %>
    </body>
    </html>
```

【案例 4-14】欢迎页面 welcome.jsp。

编写登录后的欢迎页面。在工程 char04 里新建 welcome.jsp 文件，用于判断用户登录是否成功，并相应跳转，源代码如下：

```
    <%@ page language="java" contentType="text/html; charset=UTF-8"
        pageEncoding="UTF-8"%>
    <html>
    <head><title>欢迎光临</title></head>
    <body>
    <%
    String strLogin = (String)session.getAttribute("login");
    if(strLogin!=null&&strLogin.equals("OK")){
        out.println("<h2>欢迎进入我们的网站</h2>");
    }else{
```

```
        out.println("<h2>请先登录，谢谢！</h2>");
        out.println("<h2>5 秒后，自动跳转到登录页面</h2>");
        response.setHeader("Refresh","5;URL=Login1.html");
    }
    %>
    </body>
</html>
```

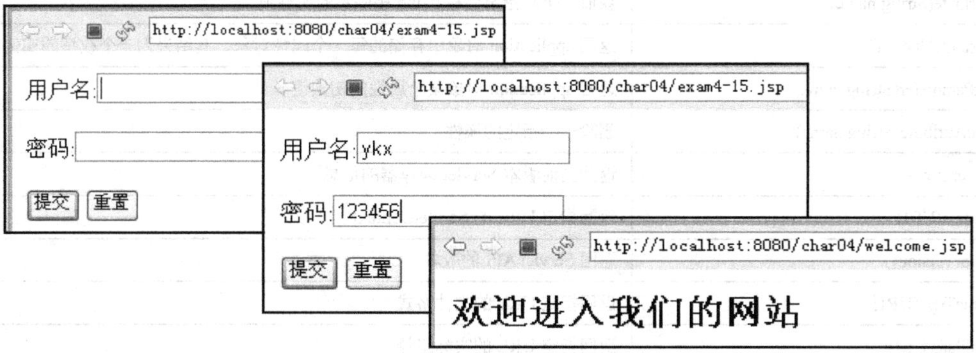

图 4-14　使用 session 的用户登录程序运行结果

4.5　application 对象

application 对象与 session 对象相对应，session 对象是为每一个用户保存信息的对象，其信息为专属信息；与此相对应 application 对象则是为所有访问用户保存信息的对象，其信息属于公共信息。用户登录邮箱后，邮箱上部将显示用户的有关信息，这些信息都属于专属信息，而网站的访问量，则不管哪个用户登录，都会增加一次，这些信息则属于公共信息。

4.5.1　application 对象概述

session 对象从用户打开浏览器那一刻开始诞生，在用户关闭浏览器那一刻消亡，而 application 对象则是从服务器开启那一刻开始存在，而当服务器关闭那一刻才结束。

application 对象包含的数据可以在整个 Web 站点中被所有用户使用，并且可以在网站运行期间持久保存数据。通常用于记录整个网站的信息、在线名单、意见调查或在线选票统计等。图 4-15 所示为登录邮箱后的信息。

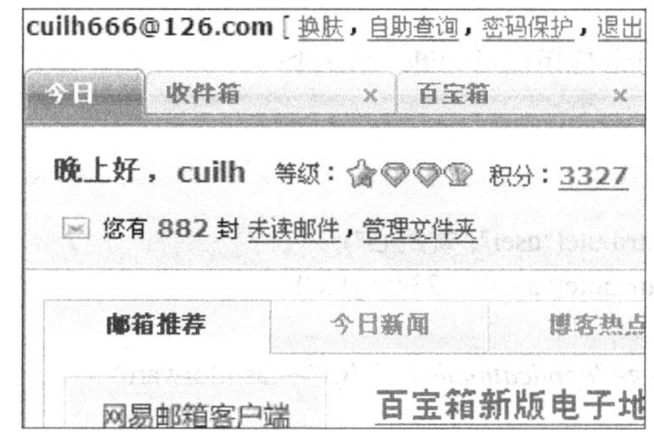

图 4-15　网易邮箱登录后的专属信息

4.5.2 application 对象的属性和方法

application 对象的常用方法如表 4-5 所示。

表 4-5 application 对象的常用方法及释义

方 法	释 义
getAttribute(String name)	获取一个与指定名称 name 相联系的属性值
getAttributeNames()	返回 application 对象中存储的每一个属性对象，其结果为一个枚举的实例
getInitParameter(String name)	返回 application 对象某个属性的初始值
removeAttribute(String name)	删除一个指定的属性
getServerInfo()	返回当前版本 Servlet 编译器的信息
getContext(URI)	返回指定 URL 的 ServletContext
getMajorVersion()	返回 Servlet API 的版本
getMimeType(URI)	返回指定 URL 的文件格式
getRealPath(URI)	返回指定 URL 的实际路径

4.5.3 application 对象的常用操作

1）将一个值保存到 application 变量中。

application.setAttribute("变量名称",值);

2）读取 application 变量的值。

application.getAttribute(变量名);

3）获取程序所在路径。

application.getRealPath("/")%

4.5.4 application 常见应用举例

【案例 4-15】使用 application 对象保存值。

在工程 char04 里新建 JSP 文件 exam4-18.jsp，用于保存 application 对象值，源代码如下：

```
<%@ page language="java" contentType="text/html; charset=UTF-8"    pageEncoding="UTF-8"%>
<html>
<head><title>application 应用演示</title></head>
<body>
<br/>
<%
    application.setAttribute("user","姚凯心");
    application.setAttribute("pass","123456ykx");
%>
    <Jsp:forward page="applicationdemo2.Jsp"></Jsp:forward>
</body>
</html>
```

【案例 4-16】读取 application 对象值。

在工程 char04 里新建 JSP 文件 exam4-19.jsp，用于读取 application 对象值。

```
<%@ page language="java" contentType="text/html; charset=UTF-8"
    pageEncoding="UTF-8"%>
<html>
<head>
<meta http-equiv="Content-Type" content="text/html; charset=utf-8">
<title>application 应用演示</title>
</head>
<body>
<%
    String name = (String)application.getAttribute("user");
    String password = (String)application.getAttribute("pass");
    out.println("用户名:"+name+"<br/>");
    out.println("密码:"+password);
%>
</body>
</html>
```

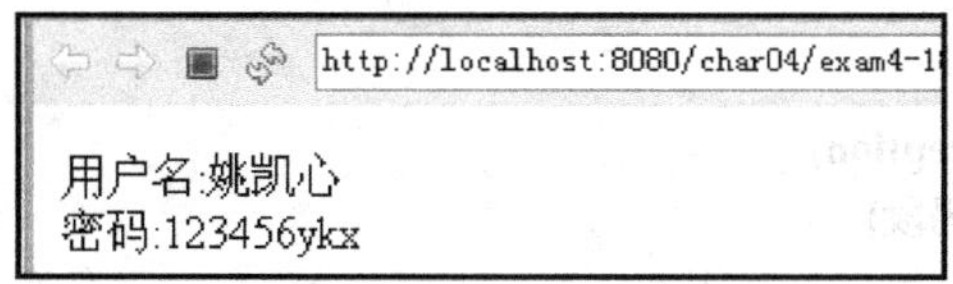

图 4-16　application 对象示例

【案例 4-17】制作站点计数器。

在工程 char04 里新建 JSP 文件 exam4-20.jsp，使用 application 对象制作站点计数器，运行结果如图 4-17 所示，源代码如下：

```
<%@ page language="java" contentType="text/html; charset=UTF-8" pageEncoding="UTF-8"%>
<html>
<head><title>Application 计数器</title></head>
<body>
<font size = 5 color = blue>Application 计数器</font>
<hr>
<%
    String strNum = (String)application.getAttribute("num");
int num = 0;//检查是否 num 变量是否可取得
    if(strNum != null)
num = Integer.parseInt(strNum) + 1; //将取得的值增加 1
application.setAttribute("num", String.valueOf(num)); //起始 num 变量值
%>
访问次数为:
<font color = red><%= num %></font><br>
</body>
</html>
```

图 4-17　制作站点计数器

4.6　其他内置对象

4.6.1　exception 对象

1. exception 对象概述

JSP 引擎在执行编译好的代码时，有可能会抛出异常。exception 对象表示的就是 JSP 引擎在执行代码时抛出的异常。当一个页面在运行过程中发生了异常，就产生这个对象。它实际上是 java.lang.Throwable 的对象。

在 JSP 中通常的异常处理代码如下。

```
Try
    { 程序代码段}
Catch(Exception exception)
    { 异常处理代码段}
Finally
    { 程序段 3 (参数) }
```

在异常处理代码段中，可以看到有一个异常对象，该对象就是内置对象 exception。exception 对象在使用时应该注意以下两点：

1）错误处理页面中，必须把 isErrorPage 设置为 true，否则无法编译。应该将 JSP 错误处理页面的第一行改为：<%@ page language="java" import="java.util.*" pageEncoding="ISO-8859-1" isErrorPage="true"%>。

2）exception 对象仅在错误处理页面中才有效。在 JSP 的异常处理体系中，一个出错页面可以处理多个 JSP 页面的异常。指定的异常处理页面通过 page 指令的 errorPage 属性确定。将 JSP 页面的第一行改为：〈%@page contentType="text/html; charset=gb2312" language="java" errorPage="error.JSP"%〉，其中 error.JSP 为错误处理页面名称。

2. exception 对象常用方法

exception 对象的常用方法及释义如表 4-6 所示。

表 4-6　exception 对象常用方法及释义

方　法	释　义
String getMessage()	该方法返回错误信息
String toString()	该方法以字符串的形式返回一个对异常的描述
void printStackTrace()	该方法以标准错误的形式输出一个错误和错误的堆栈
Throwable FillInStackTrace()	重写异常的执行栈轨迹

4.6.2 config 对象

config 的英文意思为“配置”，在 JSP 中 config 对象代表当前 JSP 配置信息，但 JSP 编程者都知道编写 JSP 程序是不需要做任何配置的，因此也就不存在配置信息。该对象在 JSP 页面中的应用非常少，一般使用在 Servlet 中。config 对象其实是实现 javax.servlet.ServletConfig 接口的类的实例对象，其常用方法及释义如表 4-7 所示。

表 4-7 config 对象常用方法及释义

方 法	释 义
getServletContext()	返回一个包含服务器相关信息的 ServletContext 对象
getInitParameter(String name)	返回 Servlet 程序初始参数的值，参数名由 name 指定
getInitParameterNames()	返回一个枚举对象，该对象由 Servlet 程序初始化所需要的所有参数的名称构成

4.6.3 page 对象

page 对象是指向当前 JSP 程序本身的对象，有点类似于类中的 this。page 对象其实是 java.lang.Object 类的实例对象，它可以使用 Object 类的方法，例如，hashCode()、toString()等方法。page 对象在 JSP 程序中的应用不是很广，但是 java.lang.Object 类还是十分重要的，因为 JSP 内置对象的很多方法的返回类型是 Object，需要用到 Object 类的方法，读者可以参考相关的文档，这里就不详细介绍了。

4.6.4 pagecontext 对象

pagecontext 在一般的 JSP 程序中很少使用。该对象代表页面上下文，主要用于访问 JSP 之间的共享数据。使用 pageContext 可以直接操作 application 对象、session 对象、request 对象及 page 对象所绑定的参数或者 Java 对象。

4.6.5 out 对象

out 对象的主要功能是把结果输出到网页上，主要用来控制管理输出的缓冲区（buffer）和输出流（output stream）。out 对象是 javax.servlet.JSP.JSPWriter 类的一个子类对象。在 out 对象中，常用的方法及释义如表 4-8 所示。

表 4-8 out 对象常用方法及释义

方 法	释 义
print()	输出各种类型数据
Println()	输出并回车换行
NewLine()	输出一个换行符
close()	关闭流

【案例 4-18】out 对象示例。

在工程 char04 里新建 JSP 文件 exam4-21.jsp，使用 out 对象输出信息，运行结果如图 4-18 所示，源代码如下：

```
<%@ page language="java" contentType="text/html; charset=UTF-8"
    pageEncoding="UTF-8"%>
<%
  out.println("Hello Everyone!");
  out.write("Hello Everyone!");
  %>
<%="Hello Everyone!"%>
<%out.close(); %>
```

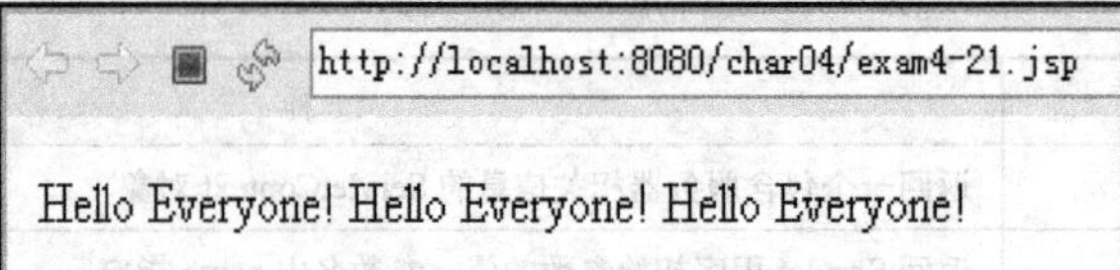

图 4-18　程序代码运行结果

本章小结

类、对象、方法、事件和属性是 JSP 编程必须掌握的基本概念。JSP 内部对象主要有 out 对象、request 对象、response 对象、config 对象、page 对象、pagecontext 对象、application 对象和 session 对象。JSP 中可能出现乱码的地方共有 3 处，分别是 JSP 页面显示乱码、表单提交中文时出现乱码，以及数据库使用时显示乱码。request 对象是客户端向服务器端发出请求的对象。response 对象用于动态响应客户端请求，并将动态生成的响应结果返回到客户端浏览器中。session 对象是为每一个用户保存信息的对象，其信息为专属信息；与此相对应，application 对象则是为所有访问用户保存信息的对象，其信息属于公共信息。

每章一考

一、填空题

1．类是（　）的基础。

2．对象的抽象是（　），类的具体化就是（　）。

3．（　　）是对象特征的描述。

4．对象的行为称为（　　　）。

5．在 JSP 内部已经定义好了 8 个 JSP 对象，它们分别是（　　　）、（　　　）、（　　　）、（　　　）、（　　　）、（　　　）、（　　　）和（　　　）。

6．response 对象用于动态响应（　　　）请求，并将动态生成的响应结果返回到（　　　）中。

7．response 常用的功能是（　　），类似网页中的超链接，将各种（　　）重新定向转到其他位置。

8．session 的中文意思是“（　　）”，在 JSP 中代表了（　　）与（　　）之间的“会话”。

9．session 对象在实际应用中使用频率最高的是（　　）变量与（　　）变量，掌握这两个方法的使用也就掌握了 session 的核心功能。

10．session 对象是为（　　）保存信息的对象，其信息为（　　）信息；与此相对应，application 对象则是为（　　）保存信息的对象，其信息属于（　　）信息。

11．指定的异常处理页面通过（　　）指令的（　　）属性确定。

12．config 对象其实是实现 java.servlet.ServletConfig 接口的（　　）的实例对象。

13．在 response 对象的方法中，addCookie 的功能是添加一个 Cookie 对象，用来保存（　　）的用户信息。

14．session 有很多方法，在实际编程应用中使用最多的是（　　）和（　　）。

15．session 对象从用户打开（　　）那一刻开始诞生，在用户关闭（　　）那一刻消亡。

16．application 对象是从（　　）开启那一刻存在，而当（　　）关闭那一刻结束。

17．applicatiom 包含的数据可以在整个 Web 站点中被所有用户使用，并且可以在网站（　　）期间持久保存数据。

18．在错误处理页面中，必须把 isErrorPage 设为（　　）。

19．在 JSP 的异常处理体系中，一个出错页面可以处理（　　）个 JSP 页面的异常。

20．page 对象是指向当前（　　）本身的对象，有点类似于类中的 this。

二、选择题

1．下列选项中，（　　）是 addCookie 的方法功能。

A．返回缓冲区大小　　B．返回到客户端的输出流对象

C．用来保存客户端的用户信息　　D．重定位地址

2．在 session 对象的属性和方法中，（　　）的功能是获取一个与指定名称 name 相联系的属性值。

A．getAttribute(string name)　　B．getAttributeNames()

C．getCreationYime()　　D．getId()

3．存入 session 信息的语法格式为（　　）。

A．session.setAttribute("变量名称")

B．session.setAttribute("变量名称",值)

C．session.removeAttribute("变量名称")

D．session.removeAttribute("变量名称",值)

4．String s_id=session.getId();该实例的正确详解是（　　）。

A．从 session 中取出名称为 name 的变量的值，并赋给变量 SchoolName

B．取得 session 的 ID 号存入变量 s_id

C．取得并显示 session 的 ID 长度

D．取得并显示 session 的 ID 创建时间

5．<%=session.getId().length()%>该实例的正确详解是（　　）。

A．从 session 中取出名称为 name 的变量的值，并赋给变量 SchoolName

B．取得 session 的 ID 号存入变量 s_id

C．取得并显示 session 的 ID 长度

D．取得并显示 session 的 ID 创建时间

6．在 application 对象的属性和方法中，（　　）方法的功能是删除一个指定的属性。

A．getAttribute(String name)　　　　B．getattributeNames()

C．removeattribute(String name)　　D．getServerInfo()

7．下面的语句格式中，（　　）是将一个值保存到 application 变量中。

A．Application.setAttribute("变量名称",值);

B．Application.getAttribute(变量名);

C．Application.getRealPath("/")%

D．Application.getRealPath("变量名");

8．下列选项中，不是 config 对象的常用方法的是（　　）。

A．getServletContext()　　　　B．getInitParameter(String name)

C．getInitParameterNames()　　D．String getMessage()

9．下列选项中，不是 out 对象的常用方法的是（　　）。

A．Print()　　　　B．NewLine()

C．getId()　　　　D．Close()

10．Out.println("Hello Everyone!");关于该程序代码对应的注释，下列（ ）是正确的。

A．输出数据"Hello Everyone! "　　B．输入数据"Hello Everyone! "

C．定稿数据"Hello Everyone! "　　D．换行之后，输出数据"Hello Everyone! "

三、判断题

1．对象的抽象是类，类的具体化就是对象。（　　）

2．对象的行为也就是对象的执行操作。（　　）

3．JSP 内置对象是指 JSP 提供的事先定义好的、具有专门功能的对象，它们在使用过程中需要声明才可使用。（　　）

4．session 对象用于返回信息的客户端，其主要功能是向浏览器输出文本、数据等。（　　）

5．out 对象是一个输出流，用来向客户端输出数据。（　　）

6．当程序需要为某个客户端的请求创立一个 session 时，服务器不需要检查这个客户端的请求方式里是否已包含了一个 session 标识。（　　）

7．session 对象是为所有访问用户保存信息的对象。（　　）

8．application 对象是为每一个用户保存信息的对象，其信息为专属信息。（　　）

9．JSP 引擎在执行编译好的代码时，有可能会抛出异常。（　　）

10．page 对象其实是 java.lang.Object 类的实例对象，它不可以使用 Object 类的方法。（　　）

四、问答题

1．什么是 JSP 的类？举例说明对象、属性和方法的含义。

2．什么是 JSP 的内置对象，其特点是什么，功能有哪些？

第5章　JSP数据库操作

本章知识结构框图

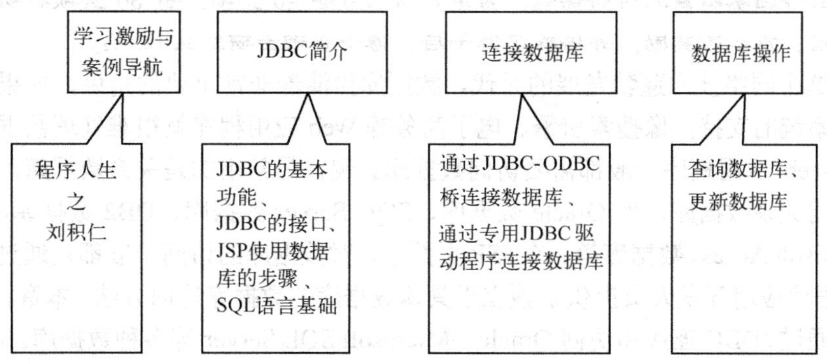

本章知识要点

1. JDBC的基本功能。
2. 使用数据库的步骤。
3. 连接数据库。
4. 数据库的查询及更新操作。

本章学习方法

1. 了解使用方法，熟记SQL语句，巧妙灵活地加以运用。
2. 广泛阅读相关资料，深度拓展知识范围。
3. 多做练习，熟悉在JSP中使用数据库的各种操作。

学习激励与案例导航

程序人生之刘积仁

刘积仁，教授，博士生导师。1980 年毕业于东北工学院计算机应用专业，1986 年赴美国国家标准局计算机研究院计算机系统国家实验室留学。他是我国培养的第一位计算机应用专业博士，33 岁时被破格提拔为教授，是当时全国最年轻的教授之一。

刘积仁所创建的东软集团有限公司已成为我国最优秀的软件企业之一，他也成为中国高科技企业的杰出代表。他作为项目总负责人和执行负责人，先后承担了国家“八五”“九五”攻关项目、国家火炬计划项目、国家 863 计划项目、国家自然科学基金重点项目，以及国家技术开发项目等国家级重大科研课题、省市科研项目等 40 多项，有 30 多项科研成果获得了国家、部、省、市级等奖励，并培养了博士后、博士和硕士研究生 69 名。

在当今这个网络技术蓬勃发展的时代，数据库扮演着非常重要的角色，如果在服务器端没有数据库系统的支持，像搜索引擎、电子商务等 Web 应用程序就很难处理数据量庞大的数据，因此，Web 应用程序一般都需要访问数据库。现在最常用的是关系数据库，JSP 可以访问多种不同的关系数据库，如 Oracle 数据库、SQL Server 数据库、DB2 数据库、MySQL 数据库和 Microsoft Access 数据库等。在 JSP 页面中，对数据库的访问一般都是通过 JDBC 进行的，它为数据库应用开发人员提供了独立于具体数据库的数据库访问方法。本章将介绍在 JSP 页面中如何通过 JDBC 连接和访问 Oracle、Microsoft SQL Server 等多种数据库。

5.1 JDBC 简介

5.1.1 JDBC 的基本功能

JDBC 是 Java 数据库连接（Java DataBase Connectivity）技术的简称，是为各种常用数据库提供无缝连接的技术。它由一些 Java 语言编写的类和界面组成。JDBC 为数据库应用开发人员和数据库前台工具开发人员提供了一种标准的应用程序设计接口，使开发人员可以用纯 Java 语言编写完整的数据库应用程序。JDBC 的基本功能如下。

1）建立与数据库的连接。

2）发送 SQL 语句。

3）返回处理数据库操作结果。

使用 JDBC 可以很容易地把 SQL 语句传送到任何一种关系数据库中，开发人员无需为每一个关系数据库单独编写一个程序。

JDBC 接口分为两个层次，一个是面向程序开发人员的 JDBC API，另一个是底层的 JDBC Driver API，如图 5-1 所示。

数据库系统通常拥有可供客户机和数据库之间通信所使用的专用网络协议，每个 JDBC 驱动程序都有与特定的数据库系统连接并相互作用所使用的代码，JDBC 驱动程序通常由特定的数据库供应商提供。在 JSP 程序中，可以通过 DriverManager 类与数据库系统进行通信，以完成请求数据库操作并返回被请求的数据。要连接访问某个数据库系统，只需在 JSP 程序中指定该数据库系统的驱动程序，当需要连接其他类型的数据库系统时，只需更改 JSP 程序中的 JDBC 驱动程序，而无需对其他程序代码做任何更改。

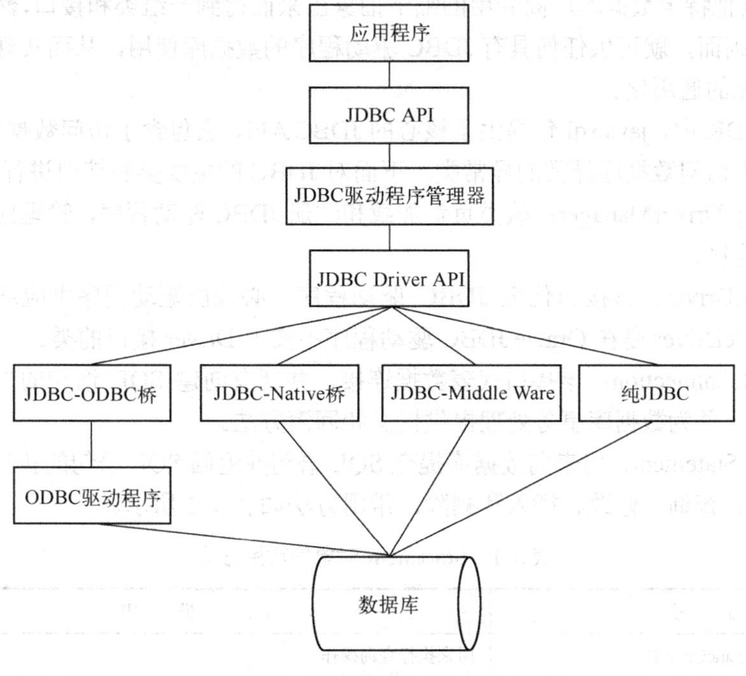

图 5-1　JDBC 与数据库的关系

如图 5-1 所示，JDBC 驱动程序有 4 种类型，不同类型的驱动程序具有各自的特性和使用方法，了解它们的优缺点有助于选用最合适的驱动程序。

1）JDBC-ODBC 桥，属于桥接器型的驱动程序，这类驱动程序的特色是必须在使用者端的计算机上事先安装好 ODBC 驱动程序，然后通过 JDBC-ODBC 的调动方法，进而通过 ODBC 来存取数据库。

2）JDBC-Native 桥，也是桥接器型驱动程序，如同 JDBC-ODBC 桥，这种类型的驱动程序也必须先在使用者的计算机上安装好特定的驱动程序（类似 ODBC），然后通过 JDBC Native API 桥接器的转换，把 Java API 调用转换成特定的驱动程序的调用方法，进而存取数据库。

3）JDBC- MiddleWare，这种类型的驱动程序最大的好处是省去了在使用者计算机上安装任何驱动程序的麻烦，只需在服务器端安装好 MiddleWare 中间件，而 MiddleWare 会负责所有存取数据库时必要的转换工作。

4）纯 JDBC，这种类型的驱动程序是最成熟的 JDBC 驱动程序，不但无需在使用者计算机上安装任何的驱动程序，也不需要在服务器端安装任何的中介程序（MiddleWare），所有的存取数据库的操作都直接由驱动程序来完成。

在这 4 种驱动程序中，类型 4 最为常用，类型 3 次之，类型 1 通常在 Windows 环境下使用，但维护成本较高，类型 2 较少使用。本章将会使用两种方式连接访问数据库，一种是通过 JDBC-ODBC 桥，另一种是通过专用的 JDBC 驱动程序。

5.1.2 JDBC 的接口

JDBC 通过把特定数据库厂商专用的细节抽象出来而得到一组类和接口，然后将它们放入 java.sql 包中，因而，就可供任何具有 JDBC 驱动程序的数据库使用，从而实现了大多数常用数据库访问功能的通用化。

在 java 2 SDK 中，java.sql 包提供了核心的 JDBC API，它包含了访问数据库所必需的类、接口和各种代表访问数据库异常的异常类。下面对 JDBC 的主要类和接口进行介绍。

1）javax.sql.DriverManager：该类负责加载和注册 JDBC 驱动程序，管理应用程序已注册的驱动程序的连接。

2）java.sql.Driver：该接口代表 JDBC 驱动程序，必须由驱动程序供应商实现。例如，oracle.jdbc.OracleDriver 是在 Oracle JDBC 驱动程序中实现 Driver 接口的类。

3）java.sql.Connection：该接口代表数据连接，并拥有创建 SQL 语句的方法，以完成常规的 SQL 操作，并为数据库事务处理提供提交和回滚方法。

4）java.sql.Statement：用来向数据库提交 SQL 语句并返回 SQL 语句的执行结果，提交的语句可以是 SQL 查询、修改、插入和删除。常用方法如表 5-1 所示。

表 5-1 Statement 对象的常用方法

方 法	说 明
executeQuery()	用来执行查询操作
executeUpdate()	用来执行更新操作
execute()	用来执行动态的未知操作
setMaxRow()	用来设置结果集能容纳的最多行数
getMaxRow()	用来获取结果集能容纳的最多行数
setQueryTimeOut()	用来设置一个语句的执行等待时间（单位为秒）
getQueryTimeOut()	用来获取一个语句的执行等待时间（单位为秒）
Close()	关闭 Statement 对象并释放所占资源

使用 Statement 的方法执行 SQL 命令时，可能返回也可能不返回 ResultSet 对象。如果提交的是 SELECT 语句，通常用 executeQuery(String sql)方法；如果提交的是 INSERT、UPDATE 或 DELETE 语句，通常使用 executeUpdate(String sql)方法。该接口有两个重要的子接口：java.sql.PreparedStatement 子接口和 java.sql.CallableStatement 子接口。

1）java.sql.CallableStatement：该接口用于执行数据库中的存储过程，如 PL/SQL 和 Java 存储过程。存储过程是数据库中已经存在的 SQL 语句，执行存储过程的效果同执行相应的 SQL 语句效果是一样的。

2）java.sql.PreparedStatement：该接口允许执行编译的 SQL 语句，这将大大提高数据库操作的性能。因为数据库管理系统只需要预编译 SQL 语句一次，却可以执行许多次。因此，当某一个 SQL 语句需要执行多次时，应当使用 PreparedStatement 而不是 Statement，这样可以提高效率；而且，PreparedStatement 还可以给 SQL 命令传递参数。

3）java.sql.ResultSet：在使用 Statement 和 PreparedStatement 中的 executeQuery 方法执行

SELECT 查询指令时，查询的结果将会存放在 ResultSet 中。通常需要将结果集中的数据提取出来或者进行显示，或者进行处理，ResultSet 接口提供了许多方法来实现这些功能。常用方法如表 5-2 所示。

表 5-2　ResultSet 对象的常用方法

方　法	说　明
next()	顺序查询数据
previous()	将记录指针向上移动，当移到第一行之前时返回 false
beforeFirst()	将记录指针移动到结果集的第一行之前
afterLast()	将记录指针移动到结果集的最后一行之后
first()	将记录指针移动到结果集的第一行
last()	将记录指针移动到结果集的最后一行
isAfterLast()	判断记录指针是否到达结果集的第一行之前
isBeforeFirst()	判断记录指针是否到达结果集的最后一行之后
isFirst()	判断记录指针是否到达结果集的第一行
isLast()	判断记录指针是否到达结果集的最后一行
getRow()	返回当前记录指针指向的行号，从 1 开始，若没有结果集，则返回 0
getString(int x)	返回当前第 x 列的值，类型为 String
getInt(int x)	返回当前第 x 列的值，类型为 Int
absolute(int row)	将记录指针移动到指定的 row 行中
close()	关闭 ResultSet 对象，并释放它所占的资源

4）java.sql.SQLExcepton：该接口是一个关于访问数据库的异常接口，它提供了对于访问数据库错误的所有信息的访问，该接口提供的方法用于检索数据库供应商提供的错误消息和错误代码。

学习提示：当需要在 JSP 页面中访问数据库时，必须在访问数据库前导入 java.sql.*。

5.1.3　JSP 使用数据库的步骤

在 JSP 程序中，使用 java.sql 包中的类和接口访问数据库，一般需要以下几个步骤。

1．加载 JDBC 驱动程序

使用数据库之前一定要加载驱动程序，可以通过使用 Class 类的 forName 方法完成这一任务，如下所示。

```
Class.forName("DriverName");
```

其中 DriverName 是要加载的 JDBC 驱动程序名，该名称可以根据数据库厂商提供的 JDBC 驱动程序的种类来确定，例如，要加载面向 Oracle 数据库的 JDBC 驱动程序，可采用以下形式。

```
Class.forName("Oracle.jdbc.odbc.OracleDriver");
```

2．建立与数据库的连接

加载驱动程序后就要建立与数据库的连接，这需要使用DriverManager类的getConnection()方法，其形式一般如下。

```
Connection conn=DriverManager.getConnection(URL,user,password);
```

其中的URL是一个字符串，代表将要连接的数据源，即数据库的具体位置。格式如下。

```
jdbc:driver:database
```

例如，可以写成jdbc:odbc:ShopData。

3．执行查询或其他命令

与数据库建立连接之后，就可以使用SQL命令了。在发送SQL命令之前，需要创建一个Statement对象，由该对象负责将SQL语句发送到数据库。创建了Statement对象后，可以使用该对象的executeQuery方法执行SELECT查询语句，该方法可以返回一个ResultSet对象，它包含了执行查询语句后的结果。如果要执行insert、update或delete命令，可以使用Statement对象的executeUpdate方法。

4．处理结果集ResultSet

ResultSet对象接收了执行SELECT查询语句后的结果，该对象提供了多种用于访问其中数据库的方法。每个ResultSet对象内部都隐藏了一个记录指针，借助指针的移动可以对该对象内的数据项进行遍历。

5．关闭连接

操作完之后要及时关闭数据库连接，以释放占用的资源。关闭对象的顺序如下。

1）关闭ResultSet。

2）关闭Statement。

3）关闭连接。

5.1.4 SQL语言基础

JSP是一种网络编程语言，SQL Servcer、MySQL和Access都是数据库，它们之间的关系就好比JSP是烹调山珍海味的厨师，SQL Servcer、MySQL和Access都是制作美味的原材料。而厨师要用勺子、刀子及叉子完成美味的制作，正如JSP要靠一种工具实现对数据库的操纵一样，而这个工具就是SQL语言。常用的四大操作为Select、Update、Delete和Insert。

1．Select

1）功能。SQL的查询由SELECT语句来完成，查询语句并不会改变数据库中的数据，它只是检索数据，从数据库中检索记录形成记录集合，并将它们存入新的记录集对象中。

2）用法。

```
SELECT [ALL|DISTINCT]〈目标列表达式〉[,〈目标列表达式〉]
FROM 〈表名或视图名〉[,〈表名或视图名〉]
[WHERE 〈条件表达式〉]
[GROUP BY 〈列名 1〉
[HAVING 〈条件表达式〉]]
[ORDER BY 〈列名 2〉 [ASC | DESC];
```

3）【案例 5-1】SELECT 语句实例如表 5-3 所示。

表 5-3 SELECT 语句实例

实　例	详　解
例 1： SELECT * FROM class061；	显示表 class061 中所有学生的记录
例 2： SELECT S_no，S_name，S_sex FROM class061；	显示表 class061 中所有学生的学号、姓名和性别
例 3： SELECT S_name,S_no,S_class FROM class061；	显示表 class061 中所有学生的姓名、学号和所在班级
例 4： SELECT S_no,S_name,year(getdate())-Year(s_birth) FROM class061；	显示表 class061 中所有学生的姓名及年龄
例 5： SELECT S_no 学号,S_name 姓名,year(getdate())-Year(s_birth) 年龄 FROM class061；	显示表 class061 中所有学生的学号、姓名和年龄，同时以汉字标题来表示学号、姓名和年龄
例 6： SELECT * FROM class061 WHERE S_address = '黑龙江省齐齐哈尔'；	显示家庭地址为“黑龙江省齐齐哈尔”的学生的所有信息
例 7： SELECT S_no 学号,C_no 课程号,semester 学期,grade 成绩 FROM class061 WHERE s_no='167' AND grade>=80；	显示学号为“167”考试成绩 80 分以上的学生学号、课程号、学期和成绩，并显示汉字标题
例 8： SELECT S_no,S_name FROM class061 WHERE S_class='计应 061' OR S_sex='男' AND S_address='黑龙江省齐齐哈尔'；	显示“计应 061”班男学生的 S_no（学号）和 S_name（姓名）
例 9： SELECT S_name,S_class,Year(GetDate())-Year(s_birth) Nl FROM class061 WHERE Year(GetDate())-Year(s_birth) BETWEEN 18 AND 22；	显示年龄在 18～22 岁之间的学生的 S_name（姓名）、S_class（班级）和 Nl（年龄不是基本表中的字段，是计算出来的字段）
例 10： SELECT S_name,S_class,Year(GetDate())-Year(s_birth) Nl FROM class061 WHERE Year(GetDate())-Year(s_birth) NOT BETWEEN 18 AND ；	显示年龄不在 18～22 岁之间的学生 S_name（姓名）、S_class（班级）和 Nl（同上例）
例 11： SELECT * FROM class061 WHERE S_address IN （'黑龙江省齐齐哈尔'，'黑龙江省哈尔滨'）；	显示家庭地址为“黑龙江省齐齐哈尔”和“黑龙江省哈尔滨”学生的详细信息
例 12： SELECT * FROM class061 WHERE S_address NOT IN （'黑龙江省齐齐哈尔'，' 黑龙江省哈尔滨'）；	显示家庭地址不是“黑龙江省齐齐哈尔”和“黑龙江省哈尔滨”学生的详细信息
例 13： SELECT * FROM class061 WHERE S_name LIKE '孙%'；	显示所有姓“孙”的学生的详细信息
例 14： SELECT S_no,S_name FROM class061 WHERE S_name LIKE '孙_'；	显示姓“孙”且全名为两个汉字的学生的 S_no（学号）和 S_name（姓名）
例 15： SELECT S_no,S_name FROM class061 WHERE S_name LIKE '_志%'；	显示名字中第二个字为“志”字的学生的 S_no（学号）和 S_name（姓名）
例 16： SELECT C_no，C_credit FROM class061 WHERE C_name LIKE 'Visual_Basic' ESCAPE '\' ；	显示 Visual_Basic 课程的课程号和学分
例 17： SELECT S_no，C_no FROM class061 WHERE grade IS NULL；	某些学生选课后没有参加考试，所以有选课记录，但没有考试成绩，显示缺少成绩的学生的学号和相应的课程号
例 18： SELECT S_no FROM class061；	显示所有选修过课程的学生的学号
例 19： SELECT top 3 S_no,grade FROM class061 WHERE c_no='1003c#_w'；	显示课程号为“1003c#_w”的成绩为前 3 名的学生的学号和成绩

2．Update

1）功能。用于修改指定表中满足 WHERE 子句条件的记录。其中 SET 子句用于指定修改方法，即用〈表达式〉的值取代相应的属性列值。如果省略 WHERE 子句，则表示要修改表中的所有记录。

2）用法。

```
UPDATE 〈表名〉
SET 〈列名〉=〈表达式〉[,〈列名〉=〈表达式〉]...
[FROM 〈表名〉]
[WHERE 〈条件〉];
```

3）【案例 5-2】WHERE 语句实例如表 5-4 所示。

表 5-4　WHERE 语句实例

实　例	详　解
例 1： UPDATE class061 SET S_address='黑龙江省齐齐哈尔' WHERE S_name='孙峰';	学生“孙峰”的家由“黑龙江省大庆”搬到“黑龙江省齐齐哈尔”，则通过以下语句对其基本信息进行更新
例 2： UPDATE class061 SET S_class=' 计应 062' WHERE S_class ='计应 061';	将班级“计应 061”改为“计应 062”
例 3： UPDATE class061 SET grade=75 WHERE left(S_no,7)= '20021001' and C_no ='1003c#_w'；	将班级为“20021001”、课程号为“1003c#_w”的成绩统一设置为 75

3．Insert

1）功能。用户可以使用 INSERT INTO 语句向表中添加记录或者创建追加查询。

2）用法。

```
INSERT INTO 〈表名〉
[（〈属性列 1〉[,〈属性列 2〉...]]
VALUES （〈常量 1〉 [,〈常量 2〉]...）
```

3）【案例 5-3】INSERT INTO 语句实例如表 5-5 所示。

表 5-5　INSERT INTO 语句实例

实　例	详　解
例 1： INSERT INTO class061 VALUES（'20031201001', '王玉梅', '女', '1986-5-18', '黑龙江省齐齐哈尔', '计应 061'）；	将一个新学生记录（'20031201001', '王玉梅', '女', '1986-5-18', ' 黑龙江省齐齐哈尔', '计应 061'）插入到 class061 表中
例 2： INSERT INTO class061 （S_no，S_name，S_sex） VALUES（'20021003010', '刘奇', '男'）；	插入一个学生记录的指定字段（'20021003010', '刘奇', '男'）

4．Delete

1）功能。从指定表中删除满足 WHERE 子句条件的所有记录。如果省略 WHERE 子句，则表示删除表中的全部记录，但表的定义仍在字典中。也就是说，DELETE 语句删除的是表中的数据，而不是关于表的定义。

2）用法。

```
DELETE
FROM 〈表名〉
[WHERE 〈条件〉];
```

3）【案例 5-4】DELETE 语句实例如表 5-6 所示。

表 5-6 DELETE 语句实例

实　例	详　解
例 1： DELETE FROM class061 WHERE S_no='20031001001';	假设学号为"20031001001"的学生中途因故辍学，则需要在学生基本信息表中删除该记录
例 2： DELETE FROM class061；	删除所有的学生课程成绩记录

5.2 连接数据库

要在 JSP 页面中访问数据库，首先要实现 JSP 程序与数据库的连接。本节将详细介绍如何连接 Microsoft Access 数据库、Microsoft SQL Server 数据库和 Oracle 数据库。一种方式是通过 JDBC-ODBC 桥实现连接，另一种方式是通过专用的 JDBC 驱动程序实现连接。

5.2.1 通过 JDBC-ODBC 桥连接数据库

使用 Sun 公司提供的 JDBC-ODBC 桥（驱动程序），可以访问任何支持 ODBC 的数据库。使用这种方式时，用户无需再获取额外的 JDBC 驱动程序，而仅需设置相应数据库的数据源，该数据源会把将连接数据库的相关信息提供给 JDBC-ODBC 驱动程序，然后，再由 JDBC-ODBC 驱动程序转换成 JDBC 接口供应用程序使用。

1. 连接 Microsoft Access 数据库

1）打开数据源管理器。单击"开始"按钮，选择"控制面板"命令，在打开的窗口中依次选择"管理工具"→"数据源（ODBC）"选项，弹出如图 5-2 所示的对话框。

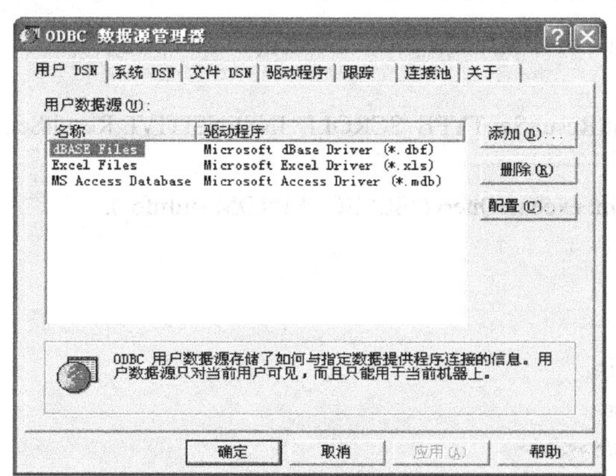

图 5-2 "ODBC 数据源管理器"对话框

2）设置数据源。单击“确定”按钮，在弹出的对话框中选择“系统 DSN”选项卡，单击“添加”按钮，在弹出的对话框中选择想为其安装数据源的驱动程序，如图 5-3 所示。

3）选择数据库。单击“完成”按钮，在弹出的对话框中设置“数据源名”为 stu1，“说明”为“学生库数据源”，单击“选择”按钮，在弹出的对话框中选中相应的数据库，单击“确定”按钮，如图 5-4 所示。

图 5-3 “创建新数据源”对话框

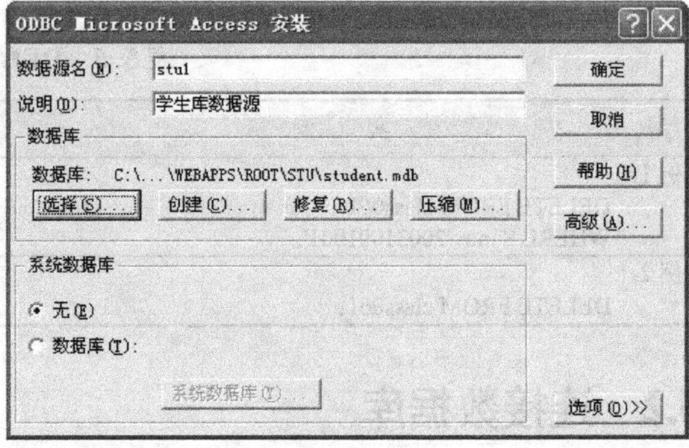

图 5-4 “ODBC Microsoft Access 安装”对话框

【案例 5-5】以 JDBC-ODBC 桥的方式访问 student 数据库中 stuInfo 表中的信息。

```
</html><%@page contentType="text/html;charset=gb2312"%>
<%@page import="java.sql.*"%>
<html>
<title>利用 JDBC-ODBC 桥访问 Access 数据库</title>
<body>
<center>
    <font size=4>stuInfo 表中记录内容</font>
    <%
    Class.forName("sun.jdbc.odbc.JdbcOdbcDriver");
    String url="jdbc:odbc:stu";
    String user="";
    String pwd="";
    Connection con=DriverManager.getConnection(url,user,pwd);
    Statement
stmt=con.createStatement(ResultSet.TYPE_SCROLL_INSENSITIVE,ResultSet.CONCUR_READ_ONLY);

    ResultSet rs=stmt.executeQuery("SELECT* FROM stuInfo");
rs.last();
    %>


    <table border=1>
    <tr align=center>
    <td><b>学号</b></td>
    <td><b>姓名</b></td>
    <td><b>性别</b></td>
```

```
<td><b>年龄</b></td>
<td><b>专业</b></td>
</tr>

<%
rs.beforeFirst();
while(rs.next())
{
      %>
      <tr align=center>
      <!--利用 getString 方法取得相应字段中的值-->
     <td><%=rs.getString("学号")%></td>
     <td><%=rs.getString("姓名")%></td>
     <td><%=rs.getString("性别")%></td>
     <td><%=rs.getString("年龄")%></td>
     <td><%=rs.getString("专业")%></td>
     </tr>
     <%
}
  rs.close();
  stmt.close();
    con.close();
%>
</table>
</center>
</body>
```

运行结果如图 5-5 所示。

stuInfo表中记录内容

学号	姓名	性别	年龄	专业
070001	赵明	男	20	软件技术
07002	钱敏	女	19	网络技术
07003	孙丽	女	21	图形图像
07004	李小亮	男	22	广告技术
07005	周鹏宇	男	18	通信技术
7006	吴丹丹	女	21	软件技术
7007	郑海英	男	22	广告技术
7008	王凡	女	18	通信技术
7009	冯迪	女	19	网络技术
7010	陈阳	男	20	图形图像

图 5-5　运行结果

2．连接 Microsoft SQL Server 数据库

连接 SQL Server 数据库的步骤与连接 Access 数据库类似，相应驱动程序选择 SQL Server，设定数据源和服务器，最后进行测试，如果出现“测试成功”的提示信息，就说明已经成功配置了数据源。这时，在 ODBC 数据源管理器中就能够看到新添加的数据源了。

【案例 5-6】使用 JDBC-ODBC 桥连接 SQL Server 数据库的语句如下。

```
<%@page contentType="text/html;charset=gb2312"%>
<%@page import="java.sql.*"%>
<%
  Connection conn=null;
  try{
  Class.forName("sun.jdbc.odbc.JdbcOdbcDriver");
  String URL = "jdbc:odbc:study";
  conn = DriverManager.getConnection(URL,"sa","");
  out.print("已成功连接数据库“学习”，可以对其进行操作了。");
  }
  catch(ClassNotFoundException ex){
    out.println(ex.getMessage());
}
  catch(SQLException ex){
  out.println(ex.getMessage());
  }
  finally{
        try{
     if(conn!=null)
     conn.close();
    }
    catch(Exception ex){
    }
  }
%>
```

3．连接 Oracle 数据库

连接 Oracle 数据库的步骤同上，相应驱动程序选择 Microsoft ODBC for Oracle，接下来设定数据源、用户名称和服务器，创建后在 ODBC 数据源管理器中就能够看到新添加的数据源了。

【案例 5-7】使用 JDBC-ODBC 桥连接 Oracle 数据库的语句如下。

```
<%@page contentType="text/html;charset=gb2312"%>
<%@page import="java.sql.*"%>
<%
  Connection conn=null;
  try{
     Class.forName("sun.jdbc.odbc.JdbcOdbcDriver");
     String URL = "jdbc:odbc:myOracleDb";
     conn = DriverManager.getConnection(URL,"SYSMAN","oracle10g");
     if(!conn.isClosed())out.print("已成功连接 Oracle 数据库<br>");
  }
  catch(SQLException ex){
  out.println(ex.getMessage());
```

```
    }
    finally{
        try{
            if(conn!=null)
            conn.close();
        }
        catch(Exception ex){
        }
    }
%>
```

5.2.2 通过专用 JDBC 驱动程序连接数据库

在本章介绍的 4 种驱动程序中，最常用的就是专用 JDBC 驱动程序，因为它具有最佳的性能。下面将详细介绍如何在 JSP 程序中通过专用 JDBC 驱动器连接 Microsoft SQL Server、Oracle 等数据库。

1. 连接 SQL Server 数据库

要使用专用 JDBC 驱动程序连接 SQL Server 数据库，首先要下载并安装 Microsoft SQL Server 2000 Driver for JDBC 驱动程序。

将 SQL Server 数据库的 JDBC 驱动程序安装路径的 lib 文件夹中的 msbase.jar、mssqlserver.jar 和 msutil.jar 文件复制到 Tomcat 安装目录的 lib 文件夹中。

新建 JDBC-HOME 系统环境变量，设置值为 Microsoft SQL Server 2000 Driver for JDBC 的安装路径，再将 lib 文件夹中的 msbase.jar、mssqlserver.jar 和 msutil.jar 这 3 个文件添加到环境变量 CLASSPATH 中。

【案例 5-8】使用 JDBC 驱动程序连接 SQL Server 数据库。

```
<%@page contentType="text/html;charset=gb2312"%>
<%@page import="java.sql.*"%>
<html>
    <head><title>JSP 连接 SQL Server 数据库</title></head>
<body>
<%
Class.forName("com.microsoft.jdbc.sqlserver.SQLServerDriver").newInstance();
String url="jdbc:microsoft:sqlserver://localhost:1433;DatabaseName=pubs";

    String user="sa";
    String password="";
    Connection conn=DriverManager.getConnection(url,user,password);
    if(!conn.isClosed())
            out.print("已成功连接 SQL Server 数据库！");        conn.close();
%>
</body>
</html>
```

2. 连接 Oracle 数据库

【案例 5-9】在 JSP 程序中连接 Oracle 10g 数据库。

```
<%@ page contentType="text/html; charset=GBK" %>
<%@ page import="java.sql.*" %>
<%
  Connection conn=null;
  try{
  Class.forName("oracle.jdbc.driver.OracleDriver");
   String URL =
 "jdbc:oracle:thin:@192.168.0.50:1521:oraGloba";
  conn =
 DriverManager.getConnection(URL,"SYSMAN","oracle10g");
  Statement stmt=conn.createStatement(ResultSet.TYPE_SCROLL_SENSITIVE,
ResultSet.CONCUR_UPDATABLE);
  ResultSet rs=stmt.executeQuery("select * from   emp");
  if(!conn.isClosed())out.print("已成功连接 Oracle 数据库<br>");
  while(rs.next()){%>
     员工姓名：<%=rs.getString(2)%>
     员工职务：<%=rs.getString(3)%><br>
  <%}
  rs.close();
  stmt.close();
  }
  catch(ClassNotFoundException ex){
     out.println(ex.getMessage());
  }
  catch(SQLException ex){
     out.println(ex.getMessage());
  }
  finally{
          try{
          if(conn!=null)
          conn.close();
    }
    catch(Exception ex){
    }
  }
%>
```

5.3 数据库操作

与数据库建立连接后，就可以对数据库进行各种访问操作。本节将介绍如何使用 java.sql 包中的常用类和接口访问数据库，包括检索数据库中的数据、对数据库进行更新等常用技术。

5.3.1 查询数据库

数据查询是数据库的一项基本操作，主要利用 SQL 语句和 ResultSet 方法对满足条件的记录进行查询。查询的方法有很多，可以分为顺序查询、带参数的查询、排序查询和模糊查询等。

1．执行查询语句

JDBC 提供了 3 种接口来实现 SQL 语句的发送执行，分别是 Statement、PreparedStatement 和 CallableStatement。

Statement 适用于执行简单、不带参数的 SQL 语句。

PreparedStatement 用于执行带有 IN 类型参数的预编译过的 SQL 语句，它继承了 Statement。

CallableStatement 用于执行一个数据库的存储过程，它从 PreparedStatement 继承而来。

（1）Statement 类

Statement 类的语法格式如下。

```
Statement stmt=con.createStatement(type,concurrency);
```

type 属性用于设置结果集的类型。其属性值和对应的解释如表 5-7 所示。

表 5-7　type 属性值及解释

属　性	解　释
TYPE_FORWARD_ONLY	结果集的记录指针只能向下滚动
TYPE_SCROLL_INSENSITIVE	结果集的记录指针能向上滚动，数据库变化时，当前结果集不变
TYPE_SCROLL_SENSITIVE	结果集的记录指针能向上滚动，数据库变化时，结果集随之变动

concurrency 属性用于设置结果集更新数据库的方式。其属性值和对应的解释如表 5-8 所示。

表 5-8　concurrency 属性值及解释

属　性	解　释
CONCUR_READ_ONLY	不能用结果集更新数据库中的表
CONCUR_UPDATABLE	可以更新数据库中的表

（2）PreparedStatement 类

PreparedStatement 类可以将 SQL 语句传送给数据库做预编译处理，即在执行的 SQL 语句中包含一个或多个 IN 参数，可以通过设置 IN 参数多次执行 SQL 语句，不必重新给出 SQL 语句，可以提高 SQL 语句的执行效率。

IN 参数为在 SQL 语句创建时尚未指定值的参数，在 SQL 语句中 IN 参数的值用“？”代替。如下面的代码所示。

```
PreparedStatement pstmt=con.preparedStatement
        ("select* from stuInfo where 年龄>=? and 性别=?");
```

其中的 PreparedStatement 对象用来查询学生信息表中指定条件的信息，在执行查询之前必须对每个 IN 参数进行设置，IN 参数的语法格式如下。

```
psmt.setXXX(position,value);
```

XXX：设置数据的各种类型。

position：IN 参数在 SQL 语句中的位置。

value：该参数被设置的值。

如下面的代码所示。

```
pstmt.setInt(1,20);              //设置第一个参数值为 20，整型
pstmt.setString(2,"男");    //设置第二个参数值为男，字符型
```

PreparedStatement 对象执行之后的关闭方法与 Statement 对象相同。

【案例 5-10】利用 PreparedStatement 对象查询学生信息表中指定条件的信息。

```
<%@ page contentType="text/html; charset=GBK" %>
<%@ page import="java.sql.*" %>
<html>
        <title>利用 PreparedStatement 对象查询</title>
    <body><font size=4>
    <br><center><b>查询年龄在 20 岁以上的男同学的信息</b>
    <hr><br>
    <%
    Class.forName("sun.jdbc.odbc.JdbcOdbcDriver");
    String url="jdbc:odbc:stu";
    String user="";
    String pwd="";
    Connection con=DriverManager.getConnection(url,user,pwd);

    PreparedStatement pstmt=con.preparedStatement
    ("select* from stuInfo where  年龄>=? and  性别=?");

pstmt.setInt(1,20);

pstmt.setString(2,"男");

    ResultSet rs=pstmt.executeQuery();
    %>
    <table border=2 width=500>
    <tr align=center>
    <td><b>记录条数</b></td>
    <td><b>学号</b></td>
    <td><b>姓名</b></td>
    <td><b>性别</b></td>
    <td><b>年龄</b></td>
```

```
		<td><b>专业</b></td>
		</tr>
		<%
		while(rs.next())
		{
			out.print("<tr>");
			out.print("<td>"+rs.getRow()+"</td>");
			out.print("<td>"+rs.getString(1)+"</td>");
			out.print("<td>"+rs.getString(2)+"</td>");
			out.print("<td>"+rs.getString(3)+"</td>");
			out.print("<td>"+rs.getInt(4)+"</td>");
			out.print("<td>"+rs.getString(5)+"</td>");
			out.print("</tr>");
		}
		rs.close();
		pstmt.close();
		con.close();
		%>
		</table>
		</center>
		</font>
		</body>
	</html>
```

程序运行界面结果如图 5-6 所示。

查询年龄在20岁以上的男同学的信息

记录条数	学号	姓名	性别	年龄	专业
1	070001	赵明	男	20	软件技术
2	07004	李小亮	男	22	广告技术
3	7007	郑海英	男	22	广告技术
4	7010	陈阳	男	20	图形图像

图 5-6　运行界面结果

2．ResultSet 方法

ResultSet 对象是以统一行列形式组织数据的，一次只能看到一个数据行，可以通过 ResultSet 对象的方法在结果集中进行滚动查询。

【案例 5-11】利用 ResultSet 对象的方法进行滚动查询，逆序输出学生成绩表中的信息和指定记录信息。

```
<%@page contentType="text/html;charset=gb2312"
	import="java.sql.*"%>
<html>
	<title>利用 ResultSet 对象的方法进行滚动查询</title>
```

```
<body><font size=4>
<center>
    <%
    Connection con;
    Statement sql;
    ResultSet rs;
    Class.forName("sun.jdbc.odbc.JdbcOdbcDriver");
    con=DriverManager.getConnection("jdbc:odbc:stu","","");
sql=con.createStatement(ResultSet.TYPE_SCROLL_INSENSITIVE,ResultSet.CONCUR_READ_ONLY);
    rs=sql.executeQuery("select * from stuScore");

    rs.last();
    int lastnum=rs.getRow();
    out.print("<br>逆序输出表中信息:");
    out.print("<table border>");
    out.print("<tr>");
    out.print("<th width=100>"+"记录号");
    out.print("<th width=100>"+"学号");
    out.print("<th width=100>"+"姓名");
    out.print("<th width=100>"+"数学成绩");
    out.print("<th width=100>"+"语文成绩");
    out.print("<th width=100>"+"英语成绩");
    out.print("</tr>");

    rs.afterLast();

    while(rs.previous())
    {
        out.print("<tr>");
        out.print("<td>"+rs.getRow()+"</td>");
        out.print("<td>"+rs.getString(1)+"</td>");
        out.print("<td>"+rs.getString(2)+"</td>");
        out.print("<td>"+rs.getInt(3)+"</td>");
        out.print("<td>"+rs.getInt(4)+"</td>");
        out.print("<td>"+rs.getInt(5)+"</td>");
        out.print("</tr>");
    }
    out.print("</table>");
    out.print("该表共有"+lastnum+"条记录<hr>");
    out.print("第三条记录信息<br>");
    rs.absolute(3);
    out.print("学号："+rs.getString(1)+"");
    out.print("姓名："+rs.getString(2)+"");
    out.print("数学："+rs.getInt(3)+"");
    out.print("语文："+rs.getInt(4)+"");
```

```
        out.print("英语："+rs.getInt(5)+"");

        rs.close();
        sql.close();
        con.close();
        %>
    </center>
    </font>
    </body>
    </html>
```

程序运行界面结果如图 5-7 所示。

逆序输出表中信息：

记录号	学号	姓名	数学成绩	语文成绩	英语成绩
10	7010	陈阳	60	60	61
9	7009	冯迪	41	52	60
8	7008	王凡	81	72	85
7	7007	郑海英	89	71	99
6	7006	吴丹丹	63	61	79
5	07005	周鹏宇	68	75	66
4	07004	李小亮	60	65	70
3	07003	孙丽	99	91	89
2	07002	钱敏	710	62	45
1	070001	赵明	88	81	76

该表共有10条记录

第三条记录信息

学号：07003姓名：孙丽数学：99语文：91英语：89

图 5-7　运行界面结果

5.3.2　更新数据库

更新数据库也是数据库的基本操作之一，因为数据库中的数据是不断变化的，只有通过添加、删除和修改操作，才能使数据库中的数据保持动态更新。

1．添加操作

例如，在学生信息表中添加一个学生的信息（“07012”，“刘丽梅”，“女”，21，“网络技术”），对应的 SQL 语句如下。

```
INSERT INTO stuInfo VALUES("07012","刘丽梅","女"，21，"网络技术")
```

在 JSP 中，Statement 类提供的 executeUpdate()方法用于执行 INSERT、UPDATE、DELETE 语句及 SQL DDL（数据定义语言）语句，例如 CREATE TABLE 或 DROP TABLE。

INSERT、UPDATE 或 DELETE 语句的效果是修改表中一行或多行中的一列或多列。executeUpdate()的返回值是一个整数，指示受影响的行数（即更新计数）。对于 CREATE TABLE 或 DROP TABLE 等不操作行的语句，executeUpdate()的返回值为零。

添加操作的一般代码如下。

```
Statement stmt=con.createStatement();
String condition="INSERT INTO 表名 VALUES(" + 值或变量 +"," + 值或变量 +  ")";
stmt.executeUpdate(condition);
```

【案例 5-12】向学生信息表中添加一条信息，用表单实现添加操作。

用于输入信息的表单代码如下。

```
<%@page contentType="text/html;charset=gb2312"%>
<html>
    <title>插入操作</title>
<body><font size=4>
  <br><center><b>填写新同学的基本信息</b><hr><br>
  <form action="insert.JSP" method="post">
    <br>学号：<input type=text name=number>
    <br>姓名：<input type=text name=name>
    <br>性别：<input type=text name=sex>
    <br>年龄：<input type=text name=age>
    <br>专业：<input type=text name=major>
    <br><input type=submit name=submit value=添加>
  </form>
  </center>
 </font>
</body>
</html>
```

用于插入记录的 insert.jsp 代码如下。

```
<%@ page contentType="text/html; charset=GBK" %>
<%@ page import="java.sql.*" %>
<%request.setCharacterEncoding("gb2312");%>
<html>
    <title>添加结果</title>
<body><font size=4>
<br><center><b>添加新记录后表中信息</b><hr><br>
    <%
    String number=request.getParameter("number");
    if(number==null)
    {
        number="";
    }
    String name=request.getParameter("name");
    if(name==null)
    {
        name="";
    }
    String sex=request.getParameter("sex");
    if(sex==null)
    {
        sex="";
    }
    String age=request.getParameter("age");
```

```
        if(age.equals("")||age==null)
        {
            age="20";
        }
        String major=request.getParameter("major");
        if(major==null)
        {
            major="";
        }

        Class.forName("sun.jdbc.odbc.JdbcOdbcDriver");
        Connection con=DriverManager.getConnection("jdbc:odbc:stu","","");
        Statement stmt=con.createStatement();
        String condition="insert into stuInfo values"+"("+"'"+number+"','"+name+"','"+sex+"',"+age+",
'"+major+"')";
        stmt.executeUpdate(condition);
        ResultSet rs=stmt.executeQuery("select * from stuInfo");
        %>
        <table border=2 width=500>
        <tr align=center>
        <td><b>记录条数</b></td>
        <td><b>学号</b></td>
        <td><b>姓名</b></td>
        <td><b>性别</b></td>
        <td><b>年龄</b></td>
        <td><b>专业</b></td>
        </tr>
        <%
        while(rs.next())
        {
            %>
            <tr align=center>
            <!--利用 getRow 方法取得记录的位置-->
            <td><b><%=rs.getRow()%></b></td>
            <td><b><%=rs.getString("学号")%></b></td>
            <td><b><%=rs.getString("姓名")%></b></td>
            <td><b><%=rs.getString("性别")%></b></td>
            <td><b><%=rs.getString("年龄")%></b></td>
            <td><b><%=rs.getString("专业")%></b></td>
            </tr>
            <%
        }
        rs.close();
        sql.close();
        con.close();
        %>
        </table>
        </center>
```

```
    </body>
</html>
```

2．修改操作

例如，修改所有学生的年龄，将年龄都增加 1 岁，对应的 SQL 语句如下。

```
UPDATE stuInfo SET  年龄=年龄+1;
```

在 JSP 中，修改语句的发送和执行也是通过 executeUpdate()方法来实现的，其实现方法和插入语句相同。

修改操作的一般代码如下。

```
Statement stmt=con.createStatement();
String sql="UPDATE  表名  SET  更新表达式";
stmt.executeUpdate(sql);
```

【案例 5-13】修改所有学生的年龄，将年龄都增加 1 岁。

```
<%@page contentType="text/html;charset=gb2312"%>
<%@page import="java.sql.*"%>
<%request.setCharacterEncoding("gb2312");%>
<html>
    <title>修改操作</title>
<body><font size=4>
<br><center><b>修改学生信息表，将年龄增加 1 岁</b><hr><br>
    <%
    Class.forName("sun.jdbc.odbc.JdbcOdbcDriver");
    Connection con=DriverManager.getConnection("jdbc:odbc:stu","","");
    Statement sql=con.createStatement();
    String condition="update stuInfo set  年龄=年龄+1";
    sql.executeUpdate(condition);
    %>
    <table border=1 width=500>
    <tr align=center>
    <td><b>记录条数</b></td>
    <td><b>学号</b></td>
    <td><b>姓名</b></td>
    <td><b>性别</b></td>
    <td><b>年龄</b></td>
    <td><b>专业</b></td>
    </tr>
    <%
     ResultSet rs=sql.executeQuery("select * from stuInfo");
     while(rs.next())
    {
        %>
        <tr align=center>
        <td><b><%=rs.getRow()%></b></td>
```

```
            <td><b><%=rs.getString("学号")%></b></td>
            <td><b><%=rs.getString("姓名")%></b></td>
            <td><b><%=rs.getString("性别")%></b></td>
            <td><b><%=rs.getString("年龄")%></b></td>
            <td><b><%=rs.getString("专业")%></b></td>
            </tr>
            <%
        }
        rs.close();
        sql.close();
        con.close();
        %>
        </table>
        </center>
        </font>
        </body>
    </html>
```

3．删除操作

例如，在学生信息表中删除学号是“07012”的学生信息，对应的 SQL 语句如下。

```
DELETE FROM stuInfo WHERE 学号='07012'
```

在 JSP 中，删除语句的发送和执行也是通过 executeUpdate()方法来实现的，其实现方法和插入语句、更新语句相同。

删除操作的一般代码如下。

```
Statement stmt=con.createStatement();
String sql="DELETE from 表名 where 字段名='" + 符合条件的值+"'";
stmt.executeUpdate(sql);
```

【案例 5-14】在学生信息表中删除学号是“07012”的学生信息。

```
<%@page contentType="text/html;charset=gb2312"%>
<%@page import="java.sql.*"%>
<%request.setCharacterEncoding("gb2312");%>
<html>
<title>删除操作</title>
<body><font size=4>
<br><center><b>删除一名学生信息</b><hr><br>
    <%
    Class.forName("sun.jdbc.odbc.JdbcOdbcDriver");
    Connection con=DriverManager.getConnection("jdbc:odbc:stu","","");
    Statement sql=con.createStatement();
    String condition="delete from stuInfo where 学号='07004'";
    sql.executeUpdate(condition);
    %>
```

```
<table border=1 width=500>
<tr align=center>
<td><b>记录条数</b></td>
<td><b>学号</b></td>
<td><b>姓名</b></td>
<td><b>性别</b></td>
<td><b>年龄</b></td>
<td><b>专业</b></td>
</tr>
<%
 ResultSet rs=sql.executeQuery("select * from stuInfo");
 while(rs.next())
{
     %>
     <tr align=center>
     <td><b><%=rs.getRow()%></b></td>
    <td><b><%=rs.getString("学号")%></b></td>
    <td><b><%=rs.getString("姓名")%></b></td>
    <td><b><%=rs.getString("性别")%></b></td>
    <td><b><%=rs.getString("年龄")%></b></td>
    <td><b><%=rs.getString("专业")%></b></td>
    </tr>
    <%
}
rs.close();
sql.close();
con.close();
%>
</table>
</center>
</font>
</body>
</html>
```

5.4 综合实例——学生管理系统

在前述章节中以学生数据库为例，对 JSP 操作数据库进行了详细讲解，本节将以前章节所编写的程序，集中整理成一个完整的应用程序。以最简单的功能把 JSP 操作数据库的增、删、查、改综合在一起。

5.4.1 主界面

该程序以齐齐哈尔信息工程学校的学生管理系统为蓝本，主界面采用网页制作软件进行编辑排版，包括学籍录入、学籍查询、修改更新、学籍异动 4 个功能模块，分别对应数据库的增添、查询、修改、删除 4 项功能如图 5-8 所示。

图 5-8　程序主界面

5.4.2　数据库连接程序

本程序由于每个模块均需要用到数据库的连接，为了便于管理，将数据库连接功能单独形成了一个小程序，程序名称为 conn.jsp。为了便于初学者练习，本程序使用最简单的桌面数据库 ACCESS，并将数据库存放在 C:\下，使用本程序前需要将 student.mdb 复制到 C 盘根目录下。代码如下：

```
<%@page import="java.sql.*"%>
<%
  Class.forName("sun.jdbc.odbc.JdbcOdbcDriver");
  String url = "jdbc:odbc:driver={Microsoft Access Driver (*.mdb)};DBQ=C:\\student.mdb";
  Connection conn = DriverManager.getConnection(url);
  Statement stmt = conn.createStatement();
  ResultSet rs=null;
      %>
```

数据库使用后要及时关闭，关闭数据库的程序是 close.jsp，与 conn.jsp 一起作为整个程序的公用代码，供各模块调用，close.jsp 代码如下：

```
<%@page import="java.sql.*"%>
<%
  rs.close();        //关闭记录集对象
  stmt.close();   //关闭语句对象
  conn.close();  //关闭连接对象
%>
```

5.4.3 学籍录入功能的实现

学籍录入功能由两个小程序实现，stu_add_face.htm 是学籍录入的主界面，包括学号、姓名、性别、年龄、专业五个录入框和提交、重置两个功能按钮。录入信息并单击“提交”按钮后，将转入 stu_add.jsp 程序，该程序进行实际添加操作，完成添加后，直接调用 stu_show.jsp 程序，显示添加结果。

1．学籍录入界面程序 stu_add_face.htm

该程序可以用网页制作工具生成表单及提交按钮，表单提交代码如下：

```
<form id="form1" name="form1" method="post" action="stu_add.jsp">
```

其他代码见随书附赠的源代码。

2．学籍录入数据表添加程序 stu_add.jsp

用户在学籍录入界面程序 stu_add_face.htm 中录入信息并单击“提交”按钮后，系统转入学籍录入数据表添加程序 stu_add.jsp 执行具体的添加操作，主要代码如下：

1）将数据库连接代码 conn.jsp 调用到本程序中，实现数据库连接功能。

```
<%@ include file="conn.jsp"%>
```

2）提取表单中输入数据，并对数据中可能出现的编码进行转换，以防止出现乱码。代码如下：

```
<%
String xh=request.getParameter("xh");//提取表单中的学号输入框
if(xh==null)
   {xh="";}
 byte b[]=xh.getBytes("ISO-8859-1");
 xh=new String(b);

String xm=request.getParameter("xm");//提取表单中的姓名输入框
if(xm==null)
{
 xm="";
}
byte c[]=xm.getBytes("ISO-8859-1");
xm=new String(c);

String xb=request.getParameter("xb");//提取表单中的性别输入框
if(xb==null)
{
  xb="";
}
byte d[]=xb.getBytes("ISO-8859-1");
xb=new String(d);
String nl=request.getParameter("nl");//提取表单中的年龄输入框
```

```
String zy=request.getParameter("zy");//提取表单中的专业输入框
if(zy==null)
{
   zy="";
}
byte e[]=zy.getBytes("ISO-8859-1");
zy=new String(e);
```

3）将取得的数据存入数据表，代码如下：

```
String tj="INSERT INTO StuInfo VALUES('" + xh + "','" + xm + "','" + xb +"',"+ nl +",'"+ zy +"')";
int rsrs = stmt.executeUpdate(tj);
```

4）调用到 stu_show.jsp 程序，将表中的数据显示出来代码如下：

```
response.sendRedirect("stu_show.jsp");
```

5.4.4 显示数据表功能的实现

本程序的每个功能模块使用后都要调用显示数据表功能，以观察操作后的数据表。显示数据表功能程序为 stu_show.jsp，关键代码如下：

```
<table align="center" border="1">
  <tr>
    <td width="60" height="29"><div align="center">学号</div></td>
    <td width="60"><div align="center">姓名</div></td>
    <td width="60"><div align="center">性别</div></td>
    <td width="60"><div align="center">年龄</div></td>
    <td width="60"><div align="center">专业</div></td>
  </tr>
<%
  while(rs.next()){
%>
<td height="2">
  <tr>
    <td><%=rs.getString("S_no")%></td>
    <td><%=rs.getString("S_name")%></td>
    <td><%=rs.getString("S_sex")%></td>
    <td><%=rs.getString("S_age")%></td>
    <td><%=rs.getString("S_pro")%></td>
  </tr>
<%
}
%>
</table>
```

5.4.5 学籍查询功能的实现

学籍查询功能由两个小程序实现，stu_findall.htm 是学籍查询的主界面，这是一个复合查询，可以自由选择查询项目并输入查询值，单击“确定”按钮后，将转入 stu_findall.jsp 程序，该程序进行实际查询操作。

1．学籍查询界面程序 stu_findall.htm

与学籍录入界面一样，该程序可以用网页制作工具生成表单及提交按钮，关键代码如下：

```
<p align="center">
<center><h1>学生数据检索</h1></center>
  <form name="form1"    method="post" action="stu_findall.jsp">
        <table align="center">
        请选择查询的类别：
          <select name="tj" id="tj">
               <option value="S_name" >姓名</option>
               <option value="S_no">学号</option>
               <option value="S_age">年龄</option>
               <option value="S_sex">性别</option>
               <option value="S_pro">专业</option>
          </select>
          请输入查询值：
          <input name="zhi" type="text" id="zhi" size="12">
          <input type="submit" name="Submit" value="确定">
    </table>
  </form>
```

2．学籍查询程序 stu_findall.jsp

用户在学籍录入界面程序 stu_add_face.htm 中录入信息并单击“提交”按钮后，系统转入学籍录入数据表添加程序 stu_add.jsp 执行具体的添加操作，主要代码如下：

1）将数据库连接代码 conn.jsp 调用到本程序中，实现数据库连接功能。

```
<%@ include file="conn.jsp"%>
```

2）查询数据，并将查询结果显示出来。代码如下：

```
<TABLE align=center border="1">
<%
 String zhi=request.getParameter("zhi");
 if(zhi==null)
 {
  zhi="";
 }
 byte c[]=zhi.getBytes("ISO-8859-1");
  zhi=new String(c);
 String tj=request.getParameter("tj");
 if(tj==null)
 {
  tj="";
 }
 byte d[]=tj.getBytes("ISO-8859-1");
```

```
    tj=new String(d);
%>
<tr>
<p align="center">
 <%
      rs = stmt.executeQuery("SELECT * FROM StuInfo where "+tj+"='"+zhi+"'");
%>
</p>
</tr>
  <tr align="center" >
    <td width="50"><div align="center">学号</div></td>
    <td width="50"><div align="center">姓名</div></td>
    <td width="50"><div align="center">性别</div></td>
    <td width="50"><div align="center">年龄</div></td>
    <td width="50"><div align="center">专业</div></td>
  </tr>

<%
  while(rs.next()){
%>

  <tr>
    <td height="26"><%=rs.getString(1)%></td>
    <td><%=rs.getString(2)%></td>
    <td><%=rs.getString(3)%></td>
    <td><%=rs.getInt(4)%></td>
    <td><%=rs.getString(5)%></td>
  </tr>
<%
}
%>
</table>
```

5.4.6 修改更新功能的实现

学籍录入功能由两个小程序实现，stu_find.htm 是对欲修改记录的查询程序，录入信息并单击“确定”按钮后，转入 stu_modi.jsp 程序，该程序将检索到的记录显示出来，用户在这个界面修改数据后，系统调用 stu_update.jsp 程序，进行实际修改更新操作。

1．查询欲修改记录界面程序 stu_find.htm

该程序可以用网页制作工具生成表单及提交按钮，表单提交代码如下：

```
<form name="form1" method="post" action="stu_modi.jsp">
```

其他代码见随书附赠的源代码。

2．录入修改信息界面 stu_modi.jsp

这个界面需要取得数据表中欲修改记录的数据，并将其显示在输入框中，供用户修改。

使用前要将数据库连接代码 conn.jsp 调用到本程序中，使用后要将数据库关闭代码 close.jsp 调用到本程序中。主要代码如下：

```
<table align="center">
      <form id="form1" name="form1" method="post" action="stu_update.jsp">
      <p>学    号：
        <label>
        <input name="xh" type="text" id="xh" value="<%=rs.getString(1)%>" size="8"/>
      </label>
      <p> 姓      名：
      <label>
      <input name="xm" type="text" id="xm" value="<%=rs.getString(2)%>" size="8" />
      </label>
      <p> 性      别：
      <label>
      <input name="xb" type="text" id="xb" value="<%=rs.getString(3)%>"    size="8" />
      </label>
      <p>年      龄：
      <label>
      <input name="nl" type="text"    id="nl" value="<%=rs.getString(4)%>"size="8" />
      </label>
      </p>
      <p>专      业：
      <label>
      <input name="zy" type="text" id="zy" value="<%=rs.getString(5)%>"    size="8" />
      </label>
      <p>
      <label>
      <table align="center">
      <input    type="submit" name="Submit" value="更新" />
      <input    type="reset" name="Submit2" value="取消" />
      </table>>
      </label>
    </form>
```

3．修改更新数据界面 stu_update.jsp

1）取得上个页面表单中的数据，代码如下：

```
String xh=request.getParameter("xh");
byte    b[]=xh.getBytes("ISO-8859-1");
xh=new String(b);
String xm=request.getParameter("xm");
b    =xm.getBytes("ISO-8859-1");
xm=new String(b);
String xb=request.getParameter("xb");
b    =xb.getBytes("ISO-8859-1");xb=new String(b);
String nl=request.getParameter("nl");
```

```
b   =nl.getBytes("ISO-8859-1");nl=new String(b);
String zy=request.getParameter("zy");
b   =zy.getBytes("ISO-8859-1");
zy=new String(b);
```

2）执行更新操作，代码如下：

```
String sql="update StuInfo set S_name='"+xm+"',S_sex='"+xb+"',S_age='"+nl+"',S_pro='"+zy+"' where
S_no='"+xh+"'";
```

本章是全书的核心章节，也是编写应用程序的关键部分，系统介绍了 JDBC 的基本功能和 JDBC 的接口，详细讲解了 JSP 使用数据库的步骤，并补充了 SQL 语言基础。此外，还讲解了 JSP 连接数据库的 4 种方法，对各种数据库的连接以实例方式进行了详细讲解，对数据库的增、删、查、改操作做了详尽的介绍，并对数据库的查询操作、添加操作、修改操作和删除操作进行了案例讲解。

一、填空题

1．（　　）是 Java 数据库连接技术的简称。

2．JDBC 接口分为两个层次，一个是面向程序开发人员的（　　），另一个是底层的（　　）。

3．使用 Statement 的方法执行 SQL 命令时，如果提交的是 SELECT 语句，通常使用（　　）方法；如果提交的是 INSERT、UPDATE 或 DELETE 语句，通常使用（　　）方法。

4. 在新建 JDBC-HOME 系统环境变量时，需要将 lib 文件夹中的 msbase.jar、mssqlserver.jar 和 msutil.jar 这 3 个文件添加到环境变量（　　）中。

5．数据查询是数据库的一项基本操作，主要利用 SQL 语句和（　　）方法对满足条件的记录进行查询。

6．JDBC 提供了 3 种接口来实现 SQL 语句的发送执行，分别是（　　）、（　　）和（　　）。

二、选择题

1．在 JSP 程序中，可以通过（　　）类与数据库系统进行通信。

A．Driver　　B．Sql Manager

C．JDBC　　D．DriverManager

2．JDBC 把特定数据库厂商专用的细节抽象出来而得到一组类和接口，然后将它们放入（　　）包。

A．java.sql　　B．Data.java

C．java.data　　D．sql.java

3. 在 java 2 SDK 中，（　　）类负责加载并注册 JDBC 驱动程序，管理应用程序已注册的驱动程序的连接。

A．java.sql.DriverManager　　B．java.sql.Driver

C．java.sql.Connection　　D．java.sql.Statement

4．java.sql.Statement 向数据库提交的语句不可以是 SQL 语句的（　　）。

A．查询数据记录　　B．修改库结构

C．插入数据　　D．删除记录

5．Statement 对象的（　　）方法用来执行动态操作。

A．execute　　B．executeQuery()

C．getQueryTimeOut()　　D．executeUpdate()

6．将 SQL Server 数据库的 JDBC 驱动程序安装路径中的 msbase.jar、mssqlserver.jar 和 msutil.jar 文件复制到 Tomcat 安装目录中的（　　）文件夹中。

A．lib　　B．bin

C．sample　　D．config

7．Statement 类的语法 Statementstmt=con.createStatement(type,concurrency)中，当 type 属性的取值为 TYPE_FORWARD_ONLY 时，表示（　　）。

A．结果集的记录指针只能向下滚动

B．结果集的记录指针能向上滚动，数据库变化时，当前结果集不变

C．结果集的记录指针能向上滚动，数据库变化时，结果集随之变动

D．以上都不对

三、判断题

1．使用 JDBC，开发人员无需为每一个关系数据库单独编写一个程序。（　　）

2．使用 Statement 的方法执行 SQL 命令时，一定能返回 ResultSet 对象。（　　）

3．ResultSet 对象的 previous 方法将记录指针移动到第一行之前时，返回 false。（　　）

4．java.sql.SQLExcepton 接口是一个关于访问数据库的异常接口。（　　）

5．使用 JDBC-ODBC 桥，可以访问任何支持 ODBC 的数据库。（　　）

6．JDBC 中的 Statement 适用于执行简单的、不带参数的 SQL 语句。（　　）

四、问答题

1．JDBC 的功能是什么？JDBC 接口分为哪两个层次？

2．JSP 使用数据库的步骤及方法是什么？

第6章 JSP文件操作

本章知识结构框图

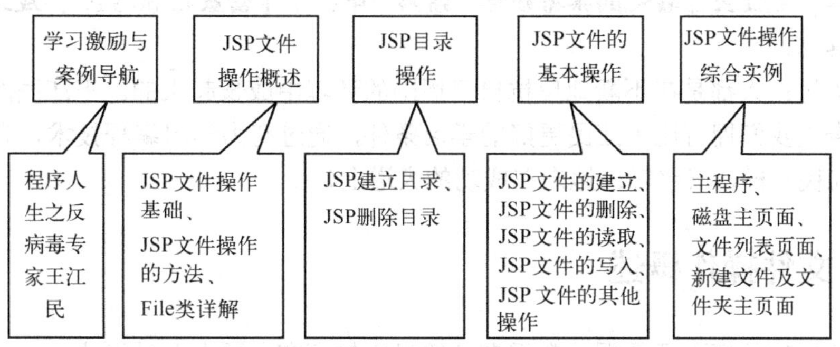

本章知识要点

1. JSP 文件操作的基础知识。
2. JSP 目录的创建和删除操作。
3. JSP 文件的创建、删除、读取和写入。
4. JSP 综合实例。

本章学习方法

1. 了解最基本的 JSP 文件操作理论基础。
2. 以文件中配套的小案例强化知识理解。
3. 通过综合实例全面深入地理解文件及目录的操作。

学习激励与案例导航

程序人生之反病毒专家王江民

王江民，1951 年出生于上海，著名的反病毒专家、国家高级工程师、中国残联理事、山东省肢残人协会副理事长，荣获过“全国新长征突击手标兵”“全国青年自学成才标兵”“全国自强模范”等荣誉，有着 20 多项技术成果和专利。三岁因患小儿麻痹后遗症而腿部残疾，初中毕业后，回到老家山东烟台的王江民从一名街道工厂的学徒工干起，刻苦自学，成长为拥有各种创造发明 20 多项的机械和光电类专家。38 岁开始学习计算机，三年之内成为中国最出色的反病毒专家之一，45 岁只身一人独闯中关村创办公司，产品很快占据反病毒市场的 80%以上。2003 年，王江民靠着他的杀毒软件，跻身“中国ＩＴ富豪榜 50 强”，成为新世纪“知识英雄”的典范。

高尔基说过：人都是在不断地反抗自己周围的环境中成长起来的。王江民的经历也印证了这句话，今天我们拥有比王江民更好的学习条件，通过努力学习编程技术，有朝一日，我们也会和王江民一样，气宇轩昂地走在成功的大道上！

6.1 JSP 文件操作概述

当前，应用软件离不开数据，数据在计算机中的存在主要有两种形式：一是数据库，二是文件。对存储在计算机中的文件进行操作是编程者经常用到的操作。JSP 为文件操作提供了丰富的类，这些类完成了文件操作的全部功能。

6.1.1 JSP 文件操作基础

大量的文件组成了计算机的软件系统。文件操作是因特网的重要应用之一，也是 JSP 课程不可缺少的关键内容之一。如图 6-1 所示，常见的 QQ 聊天软件、电子邮箱等都是因特网文件应用的典型。

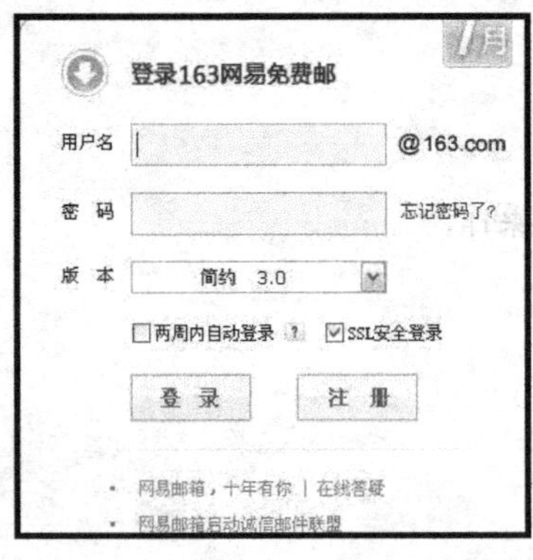

图 6-1　常用的因特网文件操作实例

1．文件操作的功能

文件与数据库完成了对网络数据的存储与读取的操作，实现了网络数据的安全、方便存储。但存取比较小的文件使用文件操作更方便、更快速。JSP 的文件操作功能完成了对服务器文件操作的全部功能，犹如操作本地硬盘目录和文件一样方便。

2．文件操作的内容

文件操作分为目录操作与文件操作两部分内容，实现对服务器硬盘中的文件及目录进行的各种操作功能。

3．文件操作分类

按照访问方式，文件可分为以下 3 类。

1）顺序文件。是按记录进入文件的先后顺序存放，其逻辑顺序和物理顺序一致的文件。

2）随机文件。存储由多条固定长度记录组成的文件。

3）二进制文件。图形文件及文字处理程序等计算机程序都属于二进制文件。

4．文件名的表示方法

每个文件都用文件名进行标识，文件的完整名称由文件名和文件路径两部分组成。在 JSP 中，文件名的标识方法与硬盘中不同，例如，E:\JSP\index.JSP 表示 E 盘 JSP 目录下的 index.JSP 文件。而同样的文件及目录结构在 JSP 中使用时，则要写成以下两种之一。

1）第一种写法如下。

```
E:/JSP/index.JSP
```

2）第二种写法如下。

```
E:\\JSP\\index.JSP
```

6.1.2　JSP 文件操作的方法

有时服务器需要将用户提交的信息保存到文件，或根据用户的要求将服务器上的文件内容显示到用户端。JSP 是通过 Java 的输入输出流来实现文件的读写操作的。JSP 中的文件操作使用如表 6-1 所示的类完成。

表 6-1　文件操作常用类

类　名	功　能
File	File 类的对象主要用来获取文件本身的一些信息
InputStream	该抽象类是所有字节输入流的超类，是能从各种输入源获取数据的类
OutputStream	该抽象类是所有字节输出流的超类，是决定往哪里输出的类
FileInputStream	该类是从 InputStream 中派生出来的简单输入类，是以字节为单位（非 unicode）的流处理
FileOutputStream	文件输出流操作。该类用于向文件中写入一串字符
BufferedInputStream	缓冲输入流，用于提高输入处理的效率
BufferedOutputStream	缓冲输出流，用于提高输出处理的效率
Reader	该抽象类是所有字符输入流的超类
Writer	该抽象类是所有字符输出流的超类

（续）

类　名	功　能
FileReader	该类是从 Reader 中派生出来的简单输入类。该类的所有方法都是从 Reader 类继承来的
FileWriter	FileWriter 提供了基本的文件写入作用
BufferedReader	该类由 Reader 类扩展而来，提供通用的缓冲方式文本读取，是针对 Reader 的，不直接针对文件
BufferedWriter	采用缓冲区，可以预读一些准备写入的数据，增加写入文件时的效率
RandomAccessFile	创建一个指向该文件的 RandomAccessFile 流，对一个文件进行读写操作

6.1.3 File 类详解

1．File 类概述

File 类不同于 java.io.File 类，在编写程序时应注意使用。File 类是文件和目录路径名的抽象表示形式，主要用于保存单个上传文件的相关信息。如上传文件的文件名、文件大小和文件数据等，不涉及对文件的听、读、写操作。此外，File 类还浏览子目录层次结构。

2．File 类语法结构

```
File 对象名=new File("绝对路径");
```

与

```
File 对象变量＝new File( " 绝对路径 " ， " 文件名称 " );
```

第一种语法结构是建立文件夹的 File 对象；第二种语法结构是建立文件的 File 对象。File 类常用方法如表 6-2 所示。

表 6-2　File 类常用方法

方 法 名	功　能
getName()	获取文件的名称
canRead()	判断文件是否是可读的
canWrite()	判断文件是否可被写入
exits()	判断文件是否存在
length()	获取文件的长度（单位是字节）
getAbsolutePath()	获取文件的绝对路径
getParent()	获取文件的父目录
isFile()	判断文件是否是一个正常文件，而不是目录
isDirectroy()	判断文件是否是一个目录
isHidden()	判断文件是否是隐藏文件
lastModified()	获取文件最后修改的时间（时间是从 1970 年 0 点至文件最后修改时刻的毫秒数）

6.2 JSP 目录操作

文件存储在计算机的目录中，目录也称为文件夹。要使用 JSP 对文件进行操作，必须熟练掌握 JSP 对目录的操作。JSP 目录操作主要包括目录的建立和目录的删除两方面的内容。本节将以实例方式详细讲解这两方面的知识。

6.2.1 JSP 建立目录

目录的建立是因特网上常用操作之一，在 JSP 中可以很轻松地实现目录的创建。JSP 目录的创建通过 File 对象的 mkdir()或 mkdirs()方法来实现。

1）语法格式如下。

```
File 对象名=new File("绝对路径");
对象名.mkdir();或者 对象名.mkdirs();
```

2）**【案例 6-1】** 建立目录操作。

```
<%@page language="java"contentType="text/html" pageEncoding="gb2312" import="java.io.*" %>
 <head>
 <title>创建目录</title>
 </head>
 <%
 String path=request.getRealPath("/");
 path=path+"\\class061";
 File dir=new File(path);
 dir.mkdir();
 %>
```

6.2.2 JSP 删除目录

与目录建立相对应的是目录的删除。JSP 目录的删除是通过 File 对象的 delete 方法来完成的。删除目录前一般要用 File 对象的 exists()方法对目录是否存在进行检测。

1）语法格式如下。

```
File 对象名=new File("绝对路径");
对象名.delete();
```

2）**【案例 6-2】** 删除目录操作。

```
<%@page language="java"contentType="text/html" pageEncoding="gb2312"   import="java.io.*"%>
 <head>
     <title>删除目录</title>
 </head>
 <%
   String path=request.getRealPath("/");
   path=path+"\\class061";
   File dir=new File(path);
   if(dir.exists()){
          dir.delete();
          out.println("目录删除成功！");}
   else{
          out.println("该目录不存在，删除操作失败"); }
 %>
```

6.3 JSP 文件的基本操作

文件的创建、删除、读取和写入构成了文件操作的四大内容。JSP 为这 4 项操作提供了相应的方法，可以十分便捷地完成对文件的所有操作。

6.3.1 JSP 文件的建立

文件的建立要先建立文件 File 对象，然后调用 File 对象的 CreateNewFile()方法实现文件的创建。

1）语法格式如下。

```
File 对象名=new File("绝对路径", "文件名");
对象名.createNewFile();
```

2）【案例 6-3】建立文件操作。

```
<%@page language="java"contentType="text/html" pageEncoding="gb2312" import="java.io.*"%>
 <head>
        <title>文件创建</title>
 </head>
<%
     String path=request.getRealPath("/");

    File file=new File(path,"class061.txt");
     if(file.exists()){
            out.println("该文件已存在！");
     }
     else{
            file.createNewFile();out.println("文件创建成功");}
 %>
```

6.3.2 JSP 文件的删除

要删除文件，需先建立 File 对象，再用 File 对象的 delete()方法实现文件的删除。具体的语法格式和操作方式如下。

1）语法格式如下。

```
File 对象名=new File("绝对路径", "文件名");   对象名.delete();
```

2）【案例 6-4】删除文件操作。

```
<%@page language="java"contentType="text/html" pageEncoding="gb2312"  import="java.io.*"%>
<head>
      <title>文件删除</title>
 </head>
 <%
```

```
    String path=request.getRealPath("/");
    File file=new File(path,"class061.txt");
        if(file.exists()){
            file.delete();
            out.println("文件删除成功");}
        else{
            out.println("该文件不存在,删除文件失败");}
%>
```

6.3.3 JSP 文件的读取

文件的读取有两种方法：使用类 FileInputStream 读文件（字节流读文件）和使用类 FileReader 读文件（字符流读文件）。

文件的读取要先建立 File 对象，再用 File 对象的 FileInputStream 读文件或 FileReader 读文件实现文件的读取。

1）语法格式如表 6-3 所示。

表 6-3 文件读取语法格式

FileInputStream 对象名=new FileInputStream ("绝对路径"或"文件名");	
对象名.read();	从该输入流中读取一个数据字节
对象名.read(byte[] b);	从该输入流中将最多 b.length 个字节的数据读入一个字数组中
对象名.read(byte[] b， int off,int len);	从该输入流中将最多 len 个字节的数据读入一个字节数组中
对象名.skip(long n);	从输入流中跳过并丢弃 n 个字节的数据
对象名.close();	关闭此文件输入流，并释放与该流有关的所有系统资源

或

FileReader 对象名=new FileReader ("绝对路径"或"文件名");	
对象名.read();	读取单个字符
对象名.read(char[] cbuf,int offset,int length);	将字符读入数组中的某一部分
对象名.close();	关闭该流

2）**【案例 6-5】**使用 FileInputStream 读取文件。

```
<%@page contentType="text/html; charset=gb2312" language="java" import="java.io.*" %>
<head>
    <title>读文件内容</title>
 </head>
 <body>
 <%
   File file=new File(path,"\\new.txt");
    String path=request.getRealPath("/");
   byte by[]=new byte[(int)file.length()];
```

```
int b;
  try{
FileInputStream fis=new FileInputStream(file);
while((b=fis.read(by,0,by.length))!=-1){
String s=new String(by,0,b);
 out.println(s);
  }
fis.close();}
catch(IOException e){
  out.println("文件读取错误!");}
%>
</body>
</html>
```

3）【案例 6-6】使用 FileReader 读取文件。

```
<%@page contentType="text/html; charset=gb2312" language="java" import="java.io.*" %>
<html>
<head>
<title>读文件内容</title>
</head>
<%
String path=request.getRealPath("/");
FileReader fr=new FileReader(path+"\\new.txt");
int c=fr.read();
while(c!=-1){
   out.print((char)c);
  c=fr.read();
  if(c==13){
   out.print("<br />");
   fr.skip(1);
   c=fr.read();}}
  fr.close();
%>
</html>
```

6.3.4 JSP 文件的写入

文件的写入有两种方法：使用类 FileOutputStream 写文件（字节流写文件）和使用类 FileWriter 写文件（字符流写文件）。

文件的写入要先建立 File 对象，再用 File 对象的 FileOutputStream 写文件或 FileWriter 写文件实现文件的写入。

1. 语法格式

1）采用 FileOutputStream 写文件，如表 6-4 所示。

表 6-4　采用 FileOutputStream 写文件

FileInputStream 对象名=new FileInputStream ("绝对路径"或"文件名");	
对象名.write(byte[] b);	将 b.length 个字节从指定字节数组写入该文件输出流中
对象名.write(byte[] b，int off，int len);	将指定字节数组中从偏移量off开始的len个字节写入该文件输出流
对象名.write(int b);	将指定字节写入该文件输出流
对象名.close();	关闭此文件输入流并释放与该流有关的所有系统资源

（2）采用 FileWriter 写文件如表 6-5 所示。

表 6-5　采用 FileWriter 写文件

FileReader 对象名=new FileReader ("绝对路径"或"文件名");	
对象名.write(int c);	写入单个字符
对象名.write(char[] cbuf，int off，int len);	写入字符数组的某一部分
对象名.write(String str，int off，int len);	写入字符串的某一部分
对象名.close();	关闭该流

2．案例

1）**【案例 6-7】**使用 FileOutputStream 写入文件操作。

```
<%@page contentType="text/html; charset=gb2312" language="java" import="java.io.*" %>
 <head>
      <title>文件的写入</title>
 </head>
 <body>
<%
   String path=request.getRealPath("/");

   File file=new File(path,"\\new.txt");
   String str="文件写入数据成功!";
   byte b[]=str.getBytes();
      try{
            FileOutputStream fos=new FileOutputStream(file,true);
             fos.write(b);
             out.println("数据写入成功!");
             fos.close();}
     catch(IOException e){
     out.println("文件写入错误!");}
 %>
 </body>
 </html>
```

2）**【案例 6-8】** 使用 FileWriter 写入文件操作。

```
<%@page contentType="text/html; charset=gb2312" language="java" import="java.io.*" %>
 <html>
```

```
    <head>
        <title>文件的写操作</title>
    </head>
    <%
        String path=request.getRealPath("/");
        FileWriter fw=new FileWriter(path+"\\new.txt");
        fw.write("你们好!欢迎各位的光临!");
        out.print("文件的写入操作成功!");
        fw.close();
    %>
    </html>
```

6.3.5 JSP 文件的其他操作

前面学习了用来处理文件的几个文件输入流和文件输出流，而且通过一些实例，已经了解了这些流的功能。

1．RandomAccessFile 类

RandomAccessFile 类既不是输入流类 InputStream 类的子类，也不是输出流类 OutputStram 类的子类流。当要对一个文件进行读写操作时，创建一个指向该文件的 RandomAccessFile 流即可，这样既可以从这个流中读取这个文件的数据，也可以通过这个流写入数据给这个文件。

RandomAccessFile 类的两个构造方法如表 6-6 所示。

表 6-6　RandomAccessFile 类的构造方法

方 法 名	功　能
RandomAccessFile(String name,String mode)	参数 name 用来确定一个文件名，给出创建的流的源（也是流目的地），参数 mode 取 r（只读）或 rw（可读写），决定创建的流对文件的访问权利
RandomAccessFile(File file,String mode):	参数 file 是一个 File 对象，给出创建的流的源（也是流目的地），参数 mode 取 r（只读）或 rw（可读写），决定创建的流对文件的访问权利。创建对象时应捕获 FileNotFoundException 异常，当流进行读写操作时，应捕获 IOException 异常

RandomAccessFile 类的常用方法如表 6-7 所示。

表 6-7　RandomAccessFile 类的常用方法

方 法 名	功　能
void close()	关闭文件并且释放与该文件关联的所有资源
long getFilePointer()	获取文件指针的位置
long length()	获取文件的长度
int reader()	从文件中读取一个字节的数据
boolean readBoolean()	从文件中读取一个布尔值，0 代表 false，非零代表 true
byte readByte()	从文件中读取一个字节
byte readChar()	从文件中读取一个字符（2 个字节）
double readDouble()	从文件中读取一个双精度浮点值（8 个字节）
float readFloat()	从文件中读取一个单精度浮点值（4 个字节）
String readLine()	从文件中读取一行
void seek(long pos)	设置文件指针在文件中的位置

（续）

方 法 名	功 能
Void setLength(Long newLength)	设置文件的长度
void write(byte b[])	写 b.length 个字节到文件
Void writeBoolean(boolean b)	把一个布尔值作为单字节写入文件
void writeByte(int v)	向文件写入一个字节
void riteBytes(String s)	向文件写入一个字符串
void writeChar(Char c)	向文件写入一个字符

2．文件上传

在网络中可以下载喜欢的图片和音乐，也可以上传自己的图片。文件上传是动态网站的基本作用之一。

客户通过一个 JSP 页面上传文件给服务器时，该 JSP 页面必须含有 File 类型的表单，并且表单必须将 ENCTYPE 的属性值设成 multipart/form-data，File 类型的表单如下所示。

```
<form action= "接受上传文件的页面"
 method= "post"   ENCTYPE=" multipart/form-data"
 <input Type= "File"   name= "picture"   >
</form>
```

JSP 引擎可以让内置对象 request 调用方法 getInputStream()获得一个输入流，通过这个输入流读入客户上传的全部信息，包括文件的内容及表单域的信息。

3．文件下载

JSP 内置对象 response 调用方法 getOutputStream()可以获取一个指向客户的输出流，服务器将文件写入这个流，客户就可以下载这个文件了。

当 JSP 页面提供下载功能时，应当使用 response 对象向客户发送 HTTP 头信息，说明文件的 MIME 类型，这样客户的浏览器就会调用相应的外部程序打开下载的文件。例如，Ms-Word 文件的 MIME 类型是 application/msword，pdf 文件的 MIME 类型是 application/pdf。打开资源管理器，选择“工具”→“文件夹选项”命令，在弹出的对话框的“文件类型”选项卡中可以查看文件的相应的 MIME 类型。

6.4 案例：JSP 文件操作综合实例

文件操作在实际应用中随处可见，最典型的实例是病毒查杀软件，这类软件既要对目录进行操作，又要对文件进行操作。本节将编写一个简单的文件操作实例，既包括对目录的操作，也包括对文件的各项操作。

6.4.1 主程序 index.JSP

文件管理系统的主程序名称为 index.JSP，是一个由框架构成的主界面，包括头部标题页面 top.JSP 和主操作页面 main.JSP，左侧的“我的电脑”显示页面 left.JSP，如图 6-2 所示。

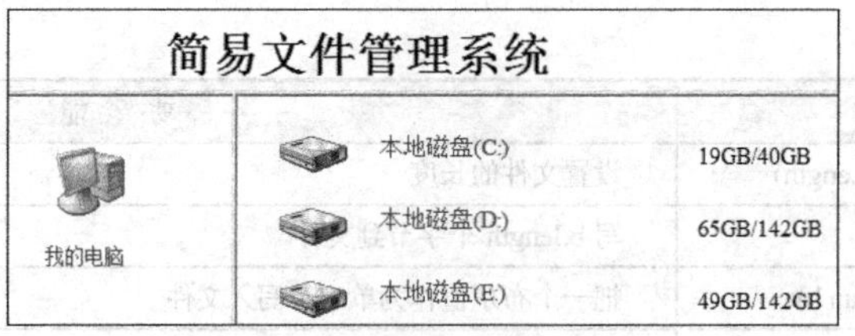

图 6-2　简易文件管理系统

6.4.2　磁盘主页面

执行 index.JSP 后，出现如图 6-3 所示的界面，单击左侧的“我的电脑”图标，将在右侧显示磁盘名称、已用空间和总空间 3 项内容。

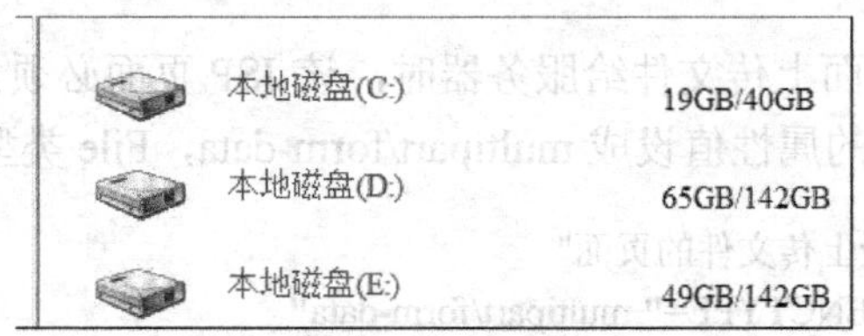

图 6-3　磁盘主页面

1．导入包

本程序需要用到“java.util.*”“java.io.*”和“java.net.*”共 3 个包，在编写时应该导入。

```
<%@ page import="java.util.*,java.io.*,java.net.*" %>
```

2．编写磁盘容易转换功能

为了规范显示磁盘容量，需要将取得的磁盘容量转换成以 GB 为单位显示，编写 convertFileSize 函数，对文件进行转换。

```
<%!
    private static String convertFileSize(long fileSize) {
        String fileSizeOut=null;//size
        if(fileSize<1024){
            fileSizeOut=fileSize+"byte";
        }else if(fileSize>=(1024*1024*1024)){
            fileSize=fileSize/(1024*1024*1024);
            fileSizeOut=fileSize +"GB";
        }else if(fileSize>=(1024*1024)){
            fileSize=fileSize/(1024*1024);
            fileSizeOut=fileSize +"MB";
        }else if(fileSize>=1024){
            fileSize=fileSize/1024;
            fileSizeOut=fileSize+"KB";
        }
        return fileSizeOut;
```

```
    }
%>
```

3. 编写样式表文件

为了规范显示格式，本页面需要用到样式，代码如下。

```
<style type="text/css">
  a{text-decoration:none; }
  a:hover{text-decoration:none; }
</style>
```

4. 遍历所有磁盘，显示磁盘图标、名称、空闲空间、总空间

```
<%
        File[] roots = File.listRoots() ;
        for(File root : roots){
            String rootName = "本地磁盘" ;
            String rootPath = root.toString() ;
            String href = "list.JSP?path=" + URLEncoder.encode(rootPath, "UTF-8") ;
            if(root.getName() != null && !"".equals(root.getName())) rootName = root.getName() ;
%>
        <tr>
            <td width="600">
                <a href="<%= href %>" target="main"><img alt="<%= rootName %>" src="root.gif" align="Middle" border="0" /><%= rootName%>(<%= rootPath.substring(0,2) %>)</a>
            </td>
            <td><%= convertFileSize(root.getFreeSpace()) %>/<%= convertFileSize(root.getTotalSpace()) %></td>
        </tr>
<%      }%>
```

6.4.3 文件列表页面

单击图 6-3 中的磁盘名称后，将出现文件及文件夹列表页面，显示所单击磁盘中包含的文件及文件夹，并在文件夹和文件显示部分的上面有一个“添加新目录/新文件”链接，用于实现文件和文件夹的建立功能。同时在每一个文件及文件夹右侧放置了一个“删除”链接，用于实现删除功能，如图 6-4 所示。

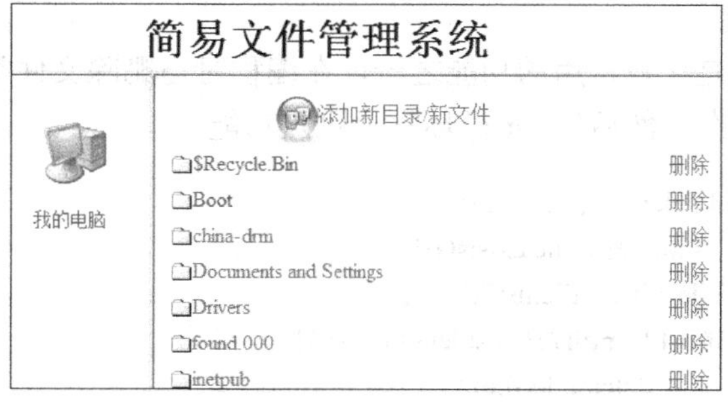

图 6-4　文件列表页面

1．取得文件大小

用 length 方法取得文件的大小，这一功能在实际应用中十分常见，也是文件操作的一个重要基础功能。

```
private static long getFileSize(File f) throws Exception
{
    return f.length() ;
}
```

2. 取得文件夹占用磁盘空间的总量

要取得文件夹占用磁盘空间的总量，需要遍历文件夹中的全部文件，并进行汇总计算，才能得到文件夹的大小，采用 listFiles 方法实现其功能。

```
private static long getFiles_Size(File f) throws Exception {
    long size = 0;
    File flist[] = f.listFiles();
    if(flist!= null)
     for(File file : flist){
         if(f.isDirectory()){
               size += getFiles_Size(file) ;
         }else if(f.isFile()){
               size += f.length() ;
         }
     }
    return size;
}
```

3. 删除文件功能

删除文件功能是文件的最基本操作，本实例先采用 exists()方法判断文件是否存在，然后调用 delete()方法实施删除文件功能。

```
private static void deleteFile(File file){
    if(file != null){
         if(file.exists()){
               file.delete() ;
    }    }    }
```

4. 删除文件夹功能

删除文件夹功能也是比较常用的功能之一，在编程时与删除文件类似，也要先用 exists()方法判断文件夹是否存在，然后用 for 循环实现删除功能。

```
private static void deleteDir(File file){
         if(file != null && file.exists()){
               File[] list = file.listFiles() ;
               if(list != null && list.length <= 0){
                    deleteFile(file) ;
               }else{
```

```
            for(File f : list){
                if(f.isDirectory()){
                    deleteDir(f) ;
                }else if(f.isFile()){
                    deleteFile(f) ;
                }
            }
            deleteFile(file) ;
    }   }   }
```

5. 建立文件功能

文件夹的建立要使用两个方法，先用 exists()方法对文件是否存在进行判断，再用 createNewFile()方法建立文件。

```
private static void createFile(String parent, String fileName) throws Exception{
        if(!new File(parent,fileName).exists()){
            new File(parent,fileName).createNewFile() ;
        }   }
```

6. 建立文件夹功能

建立文件夹功能的实现与建立文件功能的实现类似，代码如下。

```
private static void createDir(String parent, String dirName) throws Exception{
        if(!new File(parent, dirName).exists()){
            new File(parent, dirName).mkdirs() ;}}
```

7. 添加新目录/新文件链接

添加新目录及新文件的入口采用链接的方式，单击链接后启动相应的程序实现功能。

```
<% String temp = "addUI.JSP?path=" + URLEncoder.encode(URLDecoder.decode(new String (request.
getParameter("path").getBytes("ISO-8859-1"), "UTF-8"), "UTF-8"), "UTF-8")   ;%>
    <div style="float:right;"><a href="<%= temp %>" style="display: block;"><img src="create.gif"
align="Middle" border="0" />添加新目录/新文件</a></div>
```

8. 文件列表显示及功能调用

文件列表显示及功能调用是整个程序中较为复杂的部分，也是各项功能都需要调用的部分，综合运用了多项 JSP 技术，代码如下。

```
<%
        String path = URLDecoder.decode(new String(request.getParameter("path").getBytes
("ISO-8859-1"), "UTF-8"), "UTF-8") ;


        String reqMethod = request.getParameter("method") ;
        String reqMethodPath = request.getParameter("methodPath") ;
        if(null != reqMethod   && !"".equals(reqMethod)){
            String method = URLDecoder.decode(new String(reqMethod.getBytes("ISO-8859-1"),
"UTF-8"), "UTF-8") ;
            String methodPath = "" ;
```

```
String fileName = "" ;
if(null != reqMethodPath && !"".equals(reqMethodPath)) methodPath = URLDecoder.decode(new String(reqMethodPath.getBytes("ISO-8859-1"), "UTF-8"), "UTF-8") ;
if(request.getParameter("fileName") != null && !"".equals(request.getParameter("fileName"))) fileName = new String(request.getParameter("fileName").getBytes("ISO-8859-1"), "UTF-8") ;
if(null != method && !"".equals(method)){
    int type = -1 ;
    if(method.equalsIgnoreCase("deleteFile")){
        type = 0 ;
    }else if(method.equalsIgnoreCase("deleteDir")){
        type = 1 ;
    }else if(method.equalsIgnoreCase("addFile")){
        type = 2 ;
    }else if(method.equalsIgnoreCase("addDir")){
        type = 3 ;
    }

    switch(type){
        case 0 :
            deleteFile(new File(methodPath)) ;
            break ;
        case 1 :
            deleteDir(new File(methodPath)) ;
            break ;
        case 2 :
            createFile(path+File.separator, fileName) ;
            break ;
        case 3 :
            createDir(path+File.separator, fileName) ;
            break ;
        default :
            break ;
    }
}
}

String parentName = new File(path).getParent() ;
if(null != parentName && !"".equals(parentName)){
    String hrefParent = "list.JSP?path=" + URLEncoder.encode(parentName, "UTF-8") ;
%>
    <tr>
        <td>
            <a href="<%= hrefParent %>" target="main" ><img alt="" src="open.gif" align="Middle" border="0" />返回上一级目录(<%= parentName %>)</a>
        </td>
    </tr>
```

```
<%
            }
            if(null != path && !"".equals(path)){
                File reqFile = new File(path) ;
                String[] reqFileNames = reqFile.list() ;
                File[] reqFiles = reqFile.listFiles() ;
                if(reqFiles != null){
                    for(int i = 0; i < reqFiles.length; i++){
                        File file = reqFiles[i] ;
                        String name = reqFileNames[i] ;
                        if(file.isDirectory()){
                            String href = "list.JSP?path=" + URLEncoder.encode(file.toString(), "UTF-8") ;
                            String delHref = "list.JSP?path=" + URLEncoder.encode(path, "UTF-8") + "&methodPath=" + URLEncoder.encode(file.toString(), "UTF-8") + "&method=deleteDir" ;
%>
            <tr>
                <td width="600">
                    <a href="<%= href %>" target="main" ><img alt="" src="folder.gif" align="Middle" border="0" /><%= name %></a>
                </td>
                <td></td>
                <td><a href="<%= delHref %>" onclick="return confirm('你确定要删除该文件夹及其子文件夹和文件?');" target="main">删除</a></td>
            </tr>
<%
                        }
                    }
                    for(int i = 0; i < reqFiles.length; i++){
                        File file = reqFiles[i] ;
                        String name = reqFileNames[i] ;
                        if(file.isFile()){
                            String href = "list.JSP?path="+URLEncoder.encode(file.toString(), "UTF-8") ;
                            String delHref = "list.JSP?path=" + URLEncoder.encode(path, "UTF-8") + "&methodPath=" + URLEncoder.encode(file.toString(), "UTF-8") + "&method=deleteFile" ;
%>
                <tr>
                    <td width="600">
                        <img alt="" src="file.gif" align="Middle" border="0" /><%= name %>
                    </td>
                    <td><%= convertFileSize(getFileSize(file)) %></td>
                    <td><a href="<%= delHref %>" onclick="return confirm('你确定要删除该文件?');" target="main">删除</a></td>
                </tr>
<%
                        }
```

```
            }
        }
    }
%>
```

6.4.4 新建文件及文件夹主界面

在文件列表界面的上端有一个“添加新目录/新文件”链接，单击该链接后进入新建文件及文件夹主界面，如图 6-5 所示。

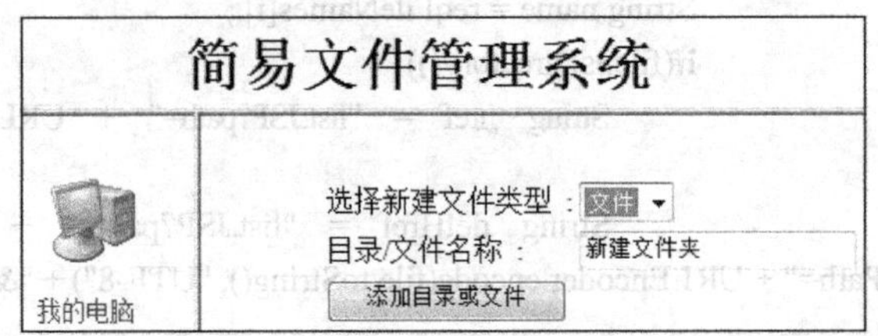

图 6-5 新建文件及文件夹主界面

1. 取得路径

```
<%
    String path = URLDecoder.decode(new String(request.getParameter("path").getBytes ("ISO-8859-1"), "UTF-8"), "UTF-8") ;
%>
```

2. 选择新建文件类型、输入目录及文件名称

```
<form action="list.JSP">
    <input type="hidden" name="path" value="<%= URLEncoder.encode(path, "UTF-8") %>"/><br/>
    <table align="center">
        <tr>
            <td>选择新建文件类型 :</td>
            <td>
                <select name="method">
                    <option value="addDir">目录</option>
                    <option value="addFile">文件</option>
                </select>
            </td>
        </tr>
        <tr>
            <td>目录/文件名称 :</td>
            <td>
                <input type="text" name="fileName" value="新建文件夹"/>
            </td>
        </tr>
        <tr>
            <td><input type="submit" value="添加目录或文件"/></td>
        </tr>
```

```
        </table>
    </form>
```

该简易文件管理系统综合使用了 JSP 操作文件的基础知识，通过该实例的学习能够全面掌握 JSP 文件操作的关键知识。

本章从 JSP 文件基础讲起，详细介绍了文件操作的功能、文件操作的内容、文件操作的 3 个类别、文件名的两种表示方法，以及文件操作常用类，并对常用的类进行了详细介绍。第二节则对 JSP 目录操作进行了详细介绍，主要包括目录的建立和目录的删除两方面的内容。JSP 文件操作部分则对文件的创建、删除、读取和写入这四大文件操作内容进行了详细讲解。最后以一个简易文件管理系统为实例总结了全章内容。

一、填空题

1．JSP 文件操作分为（　　）操作与（　　）操作两部分内容。

2．JSP 是通过 Java 的（　　）流来实现文件的读写操作的。

3．File 类是（　　）和（　　）的抽象表示形式。

4．（　　）用来判断文件是否是一个正常文件，而不是目录。

5．JSP 目录的删除是通过 File 对象的（　　）方法完成的。

6．文件的读取有两种方法：一是使用类（　　）读文件，二是使用类（　　）读文件。

7．文件的读取要先建立 File 对象，再用 File 对象的（　　）或（　　）读文件实现文件的读取。

8．在 JSP 的文件操作中，语句：f1.close()的作用是（　　）

9．在 JSP 的文件操作中，（　　）提供了基本的文件写入功能。

10．在 JSP 中操作文件必须在 import 中导入（　　）。

二、选择题

1．在 JSP 中，按照访问方式将文件分类，以下（　　）不是分类之中的类别。

A．顺序文件　　B．随机文件

C．二进制文件　　D．数据文件

2．关于 JSP 中文件名的表示方法，以下（　　）是正确的。

A．E:/JSP/index.JSP　　B．E://JSP//index.JSP

C．E:\JSP\index.JSP　　D．E:JSP\\index.JSP

3．以下（　　）方法可以判断文件是否存在。

A．getName()　　B．Ifexits()

C．canRead()　　D．exits()

4．JSP 目录的创建通过（　　）对象的方法实现。

A．File　　B．mkdir()

C．mkdirs()　　D．IO

5．文件的建立要先建立文件 File 对象，然后调用 File 对象的（　　）方法实现文件的创建。

A．CreateNewFile()　　B．CreateFile()

C．NewFile()　　D．File()

6．在 JSP 中，从该输入流中读取一个数据字节，以下正确的是（　　）。

A．对象名.read();　　B．对象名.read(byte[] b，int off,1)

C．对象名.read(byte[] b);　　D．对象名.read(1)

7．在 JSP 中用字节流写入文件使用（　　）类。

A．FileOutputStream　　B．FileWriter

C．OutputStream　　D．Writer

8．在调用 createNewFile()方法时，文件的路径应该是（　　）。

A．绝对路径　　B．相对路径

C．默认路径　　D．以上都不对

9．File 类的 length()方法用于获取文件的长度，其单位是（　　）。

A．字节　　B．位

C．字符　　D．字符串

10．在 JSP 文件操作中，内置对象（　　）调用方法 getOutputStream()可以获取一个指向客户的输出流。

A．response　　B．request

C．applicate　　D．session

三、判断题

1．File 类主要用于保存单个上传文件的相关信息。（　　）

2. 在 JSP 中删除目录前一般要用 file 对象的 exists()方法对目录是否存在进行检测。（　　）

3．在 JSP 中文件的读取要先建立 File 对象。（　　）

4．对象名.skip(long n)的功能是从输入流中跳过并丢弃 n+1 个字节的数据。（　　）

5．文件的写入不用先建立 File 对象。（　　）

6．对象名.write(int c)的功能是写入一个字符串。（　　）

7．对象名.write(String str，int off，int len)的作用是写入字符串的某一部分。（　　）

8．RandomAccessFile 类既不是输入流类 InputStream 类的子类，也不是输出流类 OutputStram 类的子类流。（　　）

9．String path=request.getRealPath("/")的功能是获取服务器目录开始的绝对路径。（　　）

10．getParent()方法用于获取文件的子目录。（　　）

四、问答题

1．JSP 中按照访问方式，文件分为几类？请简述每一类。

2．JSP 中的文件表示有哪几种？举例说明。

第 7 章　JavaBean 基础

本章知识结构框图

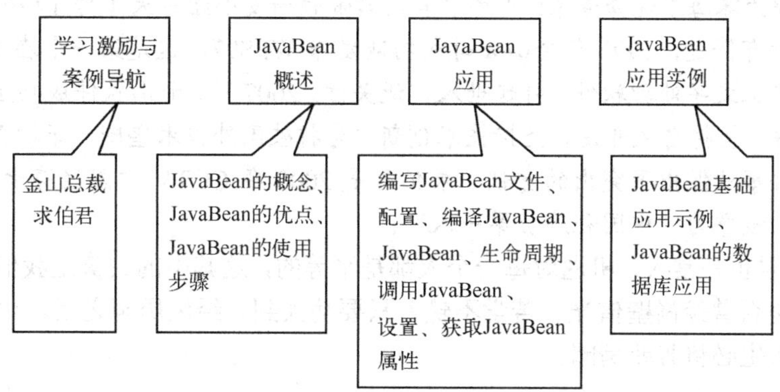

本章知识要点

1. JavaBean 的基础知识。
2. JavaBean 的编写、配置、编译和调用。
3. JavaBean 的典型应用。

本章学习方法

1. 通过简单实例掌握 JavaBean 的基本概念。
2. 通过几个典型案例学会编写 JavaBean。

学习激励与案例导航

金山总裁求伯君

求伯君，金山电脑公司董事长兼总经理。1984年，毕业于中国人民解放军国防科技大学信息系统专业，1986年，加盟北京四通公司，1988年，加入香港金山公司，在深圳从事软件开发；1989年转到珠海，开发成功国内第一套文字处理软件WPS；1994年，在珠海独立创办珠海金山电脑公司。

1986年12月，求伯君撰写出了他的处女作——“西山超级文字打印系统”，1988年他开发出国内第一套文字处理软件WPS1.0系统。1995年获得首届“首都青年科技企业家之星”称号，同时被评为珠海市优秀专家；4年中求伯君带领研发小组每天工作12个小时，每年工作365天，从没有停过，1997年金山公司成功地发布WPS97，这是第一个在Windows平台下运行的中国本土文字处理软件，引起世人广泛关注。2007年，金山软件成功上市。20年中，他带领金山软件，坚持自主开发，坚持技术创新，为打破国外技术垄断，保护自主知识产权，为发展民族软件事业做出了突出的贡献。求伯君是2000年CCTV中国经济十大年度人物中最年轻的一个，被誉为“中国程序员第一人”。

其实，求伯君也是常人，机遇对每一个人都是平等的，这其中的关键是我们是否具有坚忍不拔的精神，是否曾经凿壁借光、苦学不辍？只要功夫到、经风历雨之后，雨后彩虹定会如期而至，程序人生必将芳菲满园。

7.1 JavaBean 概述

在第5章数据库的学习中，很多人都发现，无论是数据库的连接，还是数据库的各项操作，其方法大同小异。作为程序设计人员，希望把这些操作形成一个模块，随时随地直接调用。在JSP中，这一设想已经实现，JSP通过JavaBean建立可重用的组件，实现一次编写、多次使用。有了JavaBean，编写JSP程序犹如组装计算机一样，程序员可以将其他开发人员编写的JavaBean模块、因特网上下载的JavaBean模块及自己编写的JavaBean模块组合在一起，轻松搭建程序。

7.1.1 JavaBean 的概念

JavaBean即常说的Java豆。学过VB的人都知道VB中复杂功能的实现靠的是大量的控件，编程者可以从网上下载VB控件来扩展VB的功能。Microsoft使用COM组件来扩充功能。那么JSP用什么来扩充功能呢？JavaBean便是用来扩充JSP功能的。JavaBean可将处理程序分解，把功能分散到单独的Java类中，而在JSP页面中通过脚本元素调用这些类，这样可以使程序更清晰，各部分的开发和调试也更方便。

JavaBean就是可重用Java组件，所谓组件，就是其功能是自成一体的、可重复应用到不同程序中的软件包。将这些组件组合起来使用就可创建出Java应用程序。在Java模型中，通过JavaBean可以无限扩充Java程序的功能，通过JavaBean的组合可以快速地生成新的应用程序。JavaBean可以实现代码的重复利用，一次编写，多次使用，处处使用。

1．JavaBean 的概念剖析

1）JavaBean 的本质是一段 Java 程序代码，因此在编写时必须符合 Java 语言编写规则。

2）JavaBean 的最主要功能是可以无限扩充 JSP 程序的功能，在程序编写时要充分利用 JavaBean，增强程序的功能。

3）JavaBean 的最大特点是可以实现代码的重复利用，JSP 程序中多次重复的代码一定要编写成 JavaBean，充分利用 JavaBean，最大程度地减少程序中的冗余代码。

2．JavaBean 的分类

1）非可视化的 JavaBean。顾名思义，就是没有图形界面的 JavaBean。在 JSP 程序中常用来封装事务逻辑、数据库操作等，可以很好地实现业务逻辑和前台程序（如 JSP 文件）的分离，使得系统具有更好的健壮性和灵活性。

2）可视化的 JavaBean，可以表示为简单的 GUI 组件，例如按钮、菜单等，可以使用 JavaBean 来实现。而且可视化的 JavaBean 可以应用在任何平台上。JavaBean 传统应用在可视化领域，如 GUI（图形用户界面）下的应用。

7.1.2　JavaBean 的优点

JavaBean 能做什么呢，使用或者不使用 JavaBean 有什么不同？归结起来就是有什么理由让读者走近 JavaBean、热爱 JavaBean、与 JavaBean 形影相随漫步程序人生路呢？

1．可以实现代码的重复利用

程序员可以使用 JavaBean 将功能、处理、值、数据库访问和其他任何可以用 Java 代码创造的对象进行打包，并且其他的开发者可以使用这些对象。可以认为 JavaBean 提供了一种随时随地的复制和粘贴的功能，而不用关心任何改变。

2．易编写、易维护、易使用

举一个简单的例子，比如说一个购物车程序，要实现购物车中添加一件商品这样的功能，就可以写一个购物车操作的 JavaBean，建立一个 public 的 AddItem 成员方法，前台 JSP 文件里面可以直接调用这个方法来实现。如果后来又考虑添加商品的时候需要判断库存是否有货物，没有货物不得购买，在这个时候就可以直接修改 JavaBean 的 AddItem 方法，加入处理语句来实现，这样就完全不用修改前台 JSP 程序了，从而方便代码的维护和管理。

当然，也可以把这些处理操作完全写在 JSP 程序中，不过这样的 JSP 页面可能就有成百上千行，光看代码就是一件头疼的事情，更不用说修改了。

由此可见，通过 JavaBean 可以很好地实现逻辑的封装，使程序易于维护。另外，如果要开发一个同类型的电子商城，就可以把购物车的 JavaBean 经过简单的修改应用到新的系统中，从而实现了代码的重用。

3．可以在任何安装了 Java 运行环境的平台上使用，而不需要重新编译

由于 JavaBean 是基于 Java 的，所以它可以很容易地得到交互式平台的支持。JavaBean 组件在任意地方执行不仅是指组件可以在不同的操作平台上运行，还包括在分布式网络环境中运行。

7.1.3　JavaBean 的使用步骤

JavaBean 的使用要经过以下 6 个步骤，每一个步骤都有其特定的功能，具体的应用方法将在下一节中详述。

1. 编写 JavaBean 文件

这是 JavaBean 应用第一步，其编写方法同普通 Java 类的编写方法相同，使用记事本即可完成 JavaBean 文件源编写。

2. 配置 JavaBean

JavaBean 文件需要执行环境，在正式使用前必须先进行配置，然后才能发挥其实际功能。

3. 编译 JavaBean

虽然 JSP 不需要编译、直接放到 tomcat 目录下就能正常使用，但是 JSP 文件中用到的 JavaBean 必须先编译后使用。

4. 调用 JavaBean

创建一个 JavaBean，并进行配置环境、编译代码之后，接下来就要在 JSP 程序中通过 useBean 动作标记进行调用。

5. 设置 JavaBean 属性

在 JSP 页面中，可以通过 setProperty 动作标记设置 JavaBean 中的值，其中一种方法是将 JavaBean 对应的变量通过表达式或者字符串进行赋值。

6. 获取 JavaBean 属性

getProperty 动作标记主要用于提取指定 bean 属性的值，转换成字符串，然后输出。该动作实际上是调用 bean 的 get()方法。

7.2 JavaBean 应用

Java 开发中的 JavaBean 就是一个类，用面向对象编程的思想封装了属性和方法，用来完成某种特定的功能或者处理某个业务。JavaBean 是一个可重复使用的软件组件。由于 JavaBean 是基于 Java 语言的，因此 JavaBean 是不依赖平台的。

7.2.1 编写 JavaBean 文件

编写 JavaBean 的主要过程同编写 Java 类很相似，需要注意的是在非可视化 JavaBean 中，常用 get 或者 set 这样的成员方法来处理属性。JavaBean 可以在任何 Java 程序编写环境下完成编写，在编译成为一个类（.class 文件）后，该类可以被 JSP 程序调用。

1. 编写规则

一个完整 JavaBean 在类的命名上需要遵守以下 4 项规定。

1）如果类的成员变量的名称是 Xxx，那么为了更改或获取成员变量的值，在类中使用两个方法：getXxx()（用来获取属性 xxx）和 setXxx()（用来修改属性 Xxx）。

2）对于 boolean 类型的成员变量，允许使用 is 代替 get 和 set。

3）类中方法的访问属性必须是 public 的。

4）类中如果有构造方法，那么这个构造方法也是 public 的，并且是无参数的。

2. 举例

【案例 7-1】 Simplebean.java 的程序和源代码。

```
package test;
public class Simplebean{
        private String bookname=null;
        private double bookprice=0;
        public String getBookname()
              {
                    return bookname;
              }
        public void setBookname(String name)
              {
                    bookname=name;
              }
        public double getBookprice()
              {
                    return bookprice;
              }
        public void setBookprice(double price)
              {
                    bookprice=price;
              }
}
```

将上述代码保存，设置名称为 Simplebean.java。该文件中，JavaBean 类封装了两个变量，分别为 bookname 和 bookprice，其作用域为 private。这些变量值的设置和获取都通过 get 和 set 方法来实现。package test 表示将当前 JavaBean 添加到指定包中。

7.2.2 配置 JavaBean

配置 JavaBean 是使用的关键步骤，虽然 tomcat 安装完成之后能够作为网站服务器使用，对很多的使用者来说已经足够，但是也是有缺陷的，配置的时候也要注意，不同的版本之间配置的方法可能有细微的差别，但是万变不离其宗。下面将详细讲解其配置过程。

1. 概述及编写方法

如果是在 Eclipse 中就不用管 JavaBean 了，它将自动把用户的文件放到相应的位置，但是如果要自己在 tomcat 下创建项目的话，配置 JavaBean 需要注意两点。

第一点：class 文件必须放在 WEB-INF 下面。

第二点：在 JSP 文件中调用 JavaBean。

<JSP:useBean id="i" scope="page/session/request/application" class="包名.类名"/> 上面的"i"就是类的对象。

2．举例

如 Simlplebean.java 文件，在 Tomcat 环境中，默认安装路径为 C:\Program Files\Apache Software Foundation\Tomcat 5.5\webapps，只需在该目录下建立一个新文件夹 JSPExample，在 JSPExample 文件夹下建立 WEB-INF 文件夹即可，注意这个文件夹名不允许改变。在 WEB-INF 文件夹下再建立一个 classes 文件夹，该文件夹用来存放 Java 类文件，如 JavaBean 或者 Servlet 类。在 classes 文件夹下创建文件夹 test，用来存放 JavaBean 类文件，然后将编写好的 Simplebean

文件复制到 Tomcat 安装目录\webapps\JSPExample\WEB-INF\classes 下。

7.2.3 编译 JavaBean

编译 JavaBean 就是编译 Java 类文件，这和编译一般的 Java 文件没有什么区别，下面将详细介绍其编写方法。

1. 概述及编写方法

将 JavaBean 文件放到指定位置之后，还需要把 Java 源文件编译成字节码，即 class 文件。打开命令提示符窗口，进入到 JavaBean 的存放目录 classes 下，执行 javac 文件名.java 命令。执行完毕后，会在 test 目录下自动生成一个与文件名相同的文件名.class，如 Simplebean.class。

2. 举例

C:\文件存放目录 javac Simplebean.java。

7.2.4 JavaBean 生命周期

JavaBean 有 4 个生命周期：page、request、session 和 application，需要用<JSP:useBean>动作指令中的 scope 属性指定。在生命周期中可以共享 JavaBean 对象中的数据。

1）page：可以在包含<JSP:useBean>的 JSP 文件及此文件中的所有静态包含文件中使用指定的 JavaBean，直到页面执行完毕向客户端发出响应或转到另外一个页面为止。

2）request：在任何执行相同请求的 JSP 文件中，都可以使用指定 JavaBean，直到页面执行完毕向客户端发出响应或转到另外一个页面为止。

3）session：从创建指定 JavaBean 开始，能在任何使用相同 session 的 JSP 文件中使用指定 JavaBean，该 JavaBean 存在于整个 session 生命周期中。

4）application：从创建指定 JavaBean 开始，能在任何使用相同 application 的 JSP 文件中使用指定 JavaBean，该 JavaBean 存在于整个 application 生命周期中，直到服务器重新启动。

7.2.5 调用 JavaBean

JavaBean 被调用时需要使用 3 个动作元素，分别是 useBean、setProperty 和 getProperty。

1. useBean 操作

这个标记被用于声明和实例化 JavaBean 类，语法如下。

```
<JSP:useBean
  id="object-name"
  scope="page | request | session | application"
  type="type-of-object"
  class="fully-qualified-classname"
  beanName="fully-qualified-beanName"
  />
```

1）id：对象的名称，比如：String name = null;在这句代码中，name 就是 id。

2）scope：代表了 JavaBean 的生存周期，可以是 page、request 、session 和 application 中的一种，默认是 page。

3）type：对象的类型，可以是相同的类或父类，或者是该类要执行的接口，其参数是可选的。

4）class：代表 JavaBean 对象的 class 名称，特别注意大小写要完全一致。

5）beanName：也是一个完全有资格（fully qualified）的类。

2. setProperty 操作

这个标记用于设计 JavaBean 的值，语法如下。

```
<JSP:setProperty
name="id-of-the-JavaBean"
property="name-of-property"
param="name-of-request-parameter-to-use"
value="new-value-of-this-property"
/>
```

其属性如下。

1）name：设置<JSP:useBean>的'id'。

2）Property：要设置 的 property 的名称。

3）param：页面请求（request）的参数名称。

4）value：在本 property 中想要设置的新值。

3. getProperty 操作

这个标记用于从一个特定的 JavaBean 中返回一个特定的 property，语法如下。

```
<JSP:getProperty
name="name-of-the-object"
property="name-of-property"
/>
```

1）Name：<JSP:useBean>中设置的'id'。

2）Property：想要找回的 property 的名称。

4. 举例：最简单的 JavaBean 程序

在 Eclipse 环境下编写 JavaBean 是一个非常简单的过程，既不用配置也不用编译，所有这些工作均由 Eclipse 环境自动完成。

1）启动 Eclipse 环境，新建项目，如图 7-1 所示。

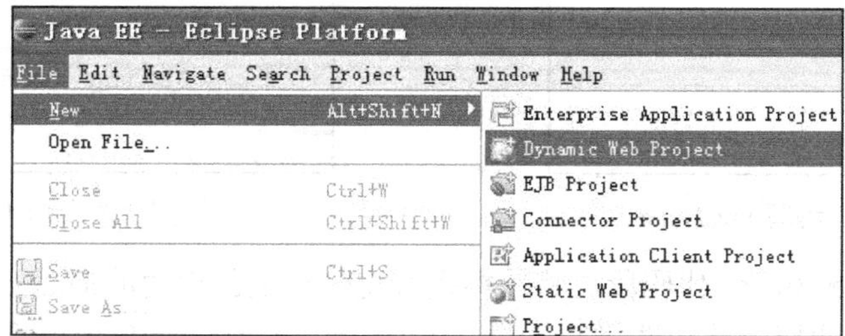

图 7-1　新建项目

2）项目创建成功后，需要进行包创建，具体操作步骤如图 7-2 和图 7-3 所示。

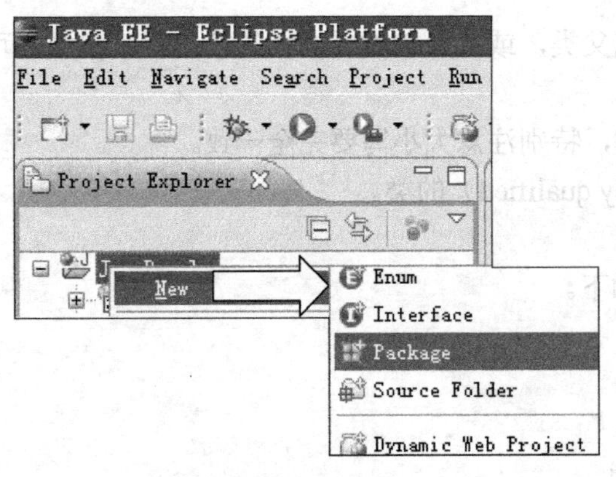

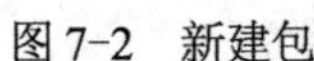
图 7-2　新建包

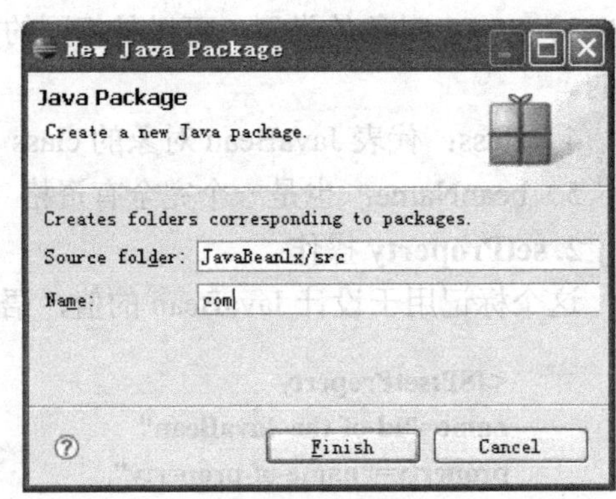

图 7-3　命名包名

3）包创建完成后需要进行类创建，具体操作步骤如图 7-4 和图 7-5 所示。

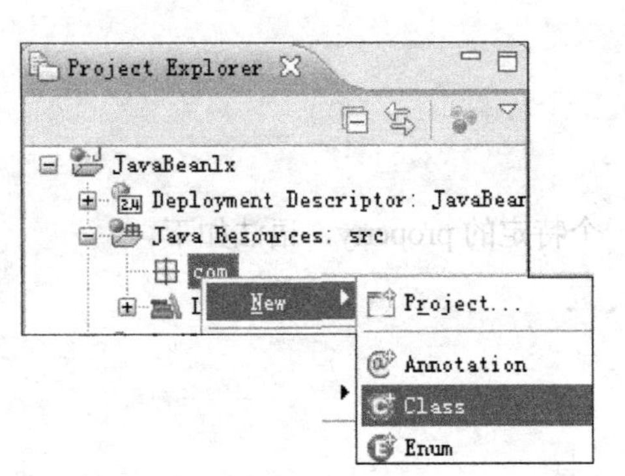

图 7-4　创建类

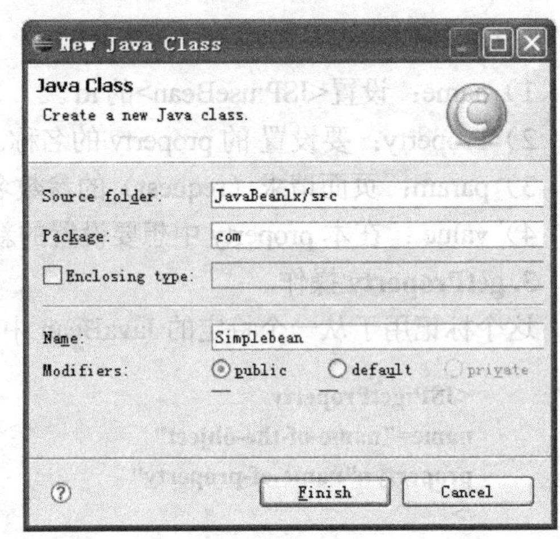

图 7-5　命名类名

4）编写 JavaBean，如图 7-6 所示。

5）声明两个变量：书名 Bookname 和定价 Bookprice，如图 7-7 所示。

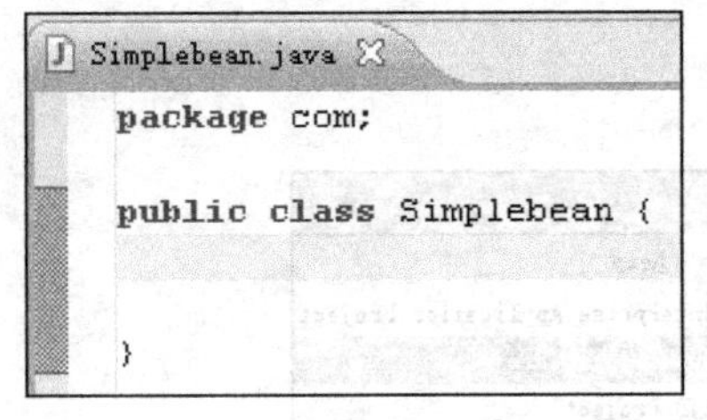

图 7-6　编写 JavaBean

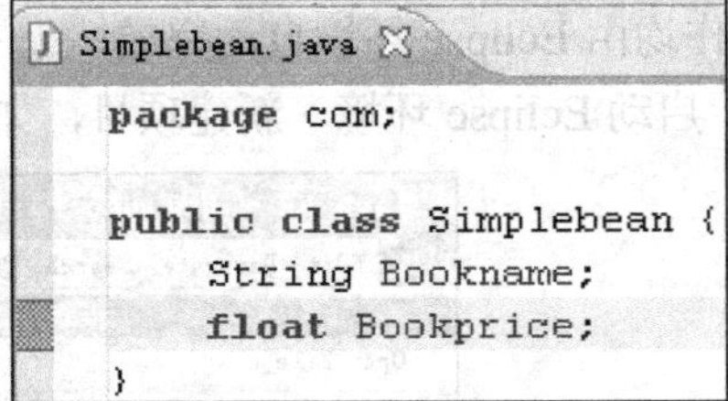

图 7-7　声明变量

6）自动生成 get 和 set 代码段。将鼠标指针定位在上面声明的最后一个变量的下一行，然后右击，在弹出的快捷菜单中选择 Source→Generate Getters and Setters 命令，如图 7-8 所示。

7）弹出 Generate Getters and Setters 对话框，选择 Bookname 和 Bookprice 两个变量，单击 OK 按钮，生成代码。各选项有关功能说明如图 7-9 所示。

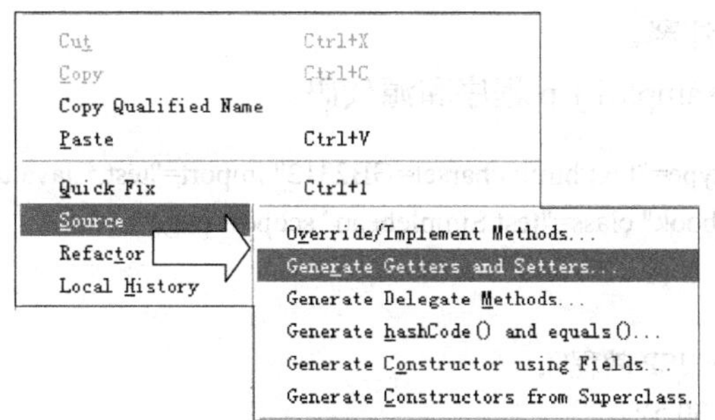

图 7-8　自动生成代码操作

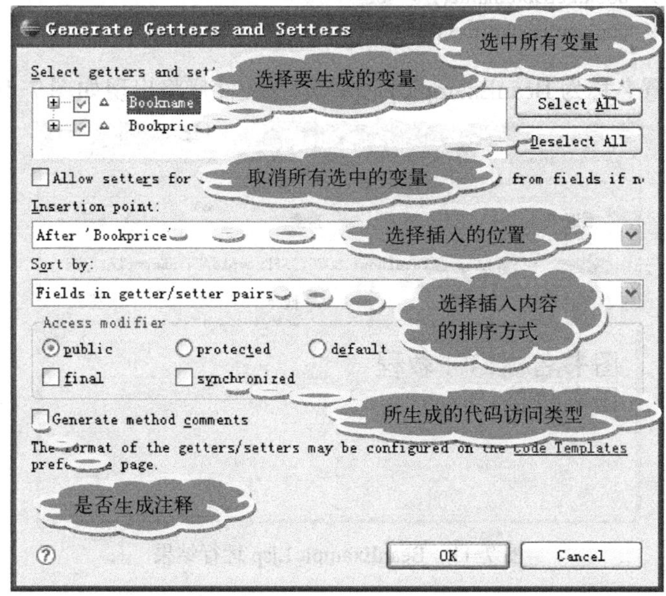

图 7-9　功能说明

8）经过上述步骤之后，系统将自动生成 get 和 set 代码，如图 7-10 所示。

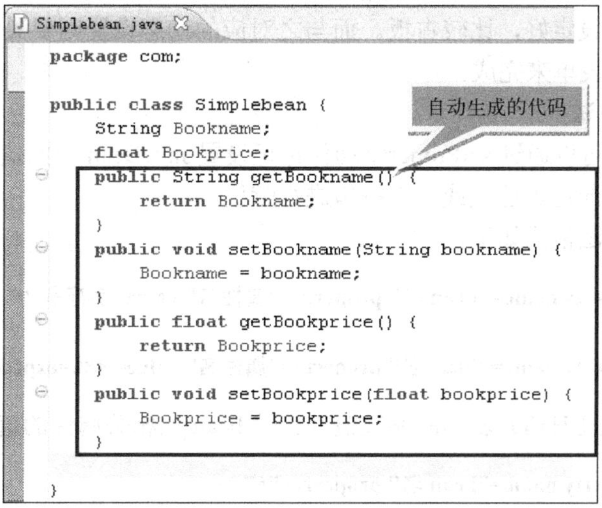

```
Simplebean.java
package com;

public class Simplebean {
    String Bookname;
    float Bookprice;
    public String getBookname() {
        return Bookname;
    }
    public void setBookname(String bookname) {
        Bookname = bookname;
    }
    public float getBookprice() {
        return Bookprice;
    }
    public void setBookprice(float bookprice) {
        Bookprice = bookprice;
    }

}
```

自动生成的代码

图 7-10　自动生成的代码

9）调用页面代码及注释。

【案例 7-2】 BeanExample1.jsp 程序和源代码。

```
<%@page contenttype="text/html; charset=GB2312" import="test.*,java.util.*" %>
<JSP:usebean id="book" class="test.Simplebean" scope="page">
</JSP:usebean>
<%
book.setBookname("JSP 教程");
book.setBookprice(30.5);
%>
图书名称:<%=book.getBookname()%><br>
图书价格:<%=book.getBookprice()%>
```

保存代码，设置名称为 BeanExample1.jsp，运行文件后将出现如图 7-11 所示的结果。

图 7-11 BeanExample1.jsp 运行结果

7.2.6 设置 JavaBean 属性

Bean 中属性值的设置方法可以分为静态设置和动态设置两种。所谓静态设置，是指属性值已经在源文件中被设定好，比较古板。而与之对应的动态设置则要灵活得多，它是由用户动态生成的，通常由表单来完成。

1. 概述及编写方法

在 JSP 页面中，可以通过 setProperty 动作标记设置 JavaBean 中的值，其中一种方法是将 JavaBean 对应的变量通过表达式或者字符串进行赋值。

该动作标记的语法格式如下。

```
<JSP:setProperty name="bean 名" property="属性名" value=字符串 />
或
<JSP:setProperty name="bean 名" property="属性名" value= <%=expression%> />
```

另一种方法是通过 HTTP 表单的参数值来设置 bean 的相关属性的值。

```
<JSP:setProperty name="bean 名" property="*" />
```

如果要明确 bean 的某个属性设置为表单中对应的参数值，可以用如下方法。

<JSP:setProperty name="bean 名" property="属性名" param="参数名"/>

2．举例

首先创建 JavaBean，打开记事本，输入下列代码。

【案例 7-3】 StudentBean.java 的程序和源代码。

```
package test;
public class StudentBean{
String name;
    double cheng;
    public StudentBean(){
            this.name="刘红";
           this.cheng=5.0;
        }
    public void setName(String name)
        {
    this.name=name;
        }
    public String getName()
        {
            return name;
        }
    public void setCheng(double cheng)
        {
            this.cheng=cheng;
        }
    public double getCheng()
        {
            return cheng;
        }
}
```

将上述代码保存，设置名称为 StudentBean.java 并进行编译。

现在开始编写 JSP 文件，打开记事本，输入下列代码。

【案例 7-4】 BeanExample.jsp 的程序和源代码。

```
<%@page contentType="text/html;charset="GB2312"%>
<html>
<body>
<JSP:usebean id="bean" scope="application" class="test.bean" />
使用 set 方法组赋值：<%
bean.setName("王小明");
bean.setCheng(78);
%>
姓名：<%=bean.getName()%><br>
```

```
成绩：<%=bean.getCheng()%>分<br>
使用 setProtery 赋值:<br>
<%String str="赵天";%>
<JSP:setProtery name="bean" property="cheng" value="10"/>
<JSP:setProtery name="bean" property="name" value=<%=str%>/>
姓名：<%=bean.getName()%><br>
成绩：<%=bean.getCheng()%>分
</body>
</html>
```

将文件保存为：BeanExample.jsp。

运行 BeanExample.jsp 文件将出现如图 7-12 所示的结果。

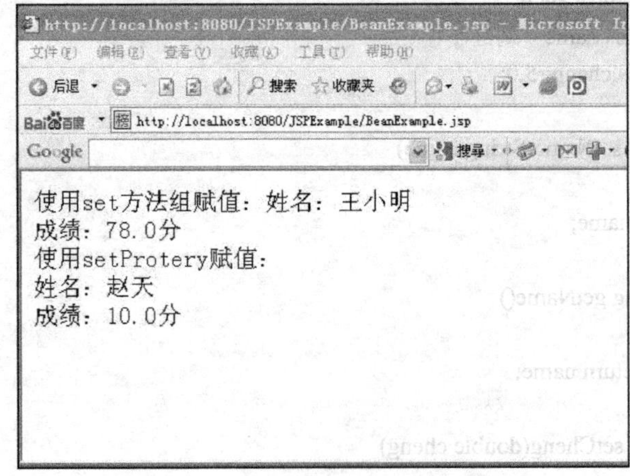

图 7-12　BeanExample.jsp 运行结果

7.2.7　获取 JavaBean 属性

当使用 useBean 创建好一个 bean 后，就可以使用这个 bean 了。用户可以修改其属性，使用类中的方法，还可以使用 getProperty 来获取 bean 的属性。具体的编写方法和操作实例如下。

1. 概述及编写方法

getProperty 动作标记主要用来提取指定 bean 属性的值，转换成字符串，然后输出。该动作实际上是调用 JavaBean 的 get()方法。在使用该动作标记之前，必须使用 useBean 标签获得一个 JavaBean 实例。

该动作标记的语法格式如下。

```
<JSP:getProperty name="bean 名" property="属性名"/>
```

2. 举例

【案例 7-5】 获取 JavaBean 的属性。

```
<%@page contentType="text/html;charset=GB2312"%>
<html>
<body>
<JSP:useBean id="bean" scope="application" class="test.StudentBean" />
```

```
<%
bean.setName("孙少");
bean.setCheng(68);%>
使用 get 方法组获取：
姓名：<%=bean.getName()%>
成绩：<%=bean.getCheng()%>
<br>
使用 getProperty 获取：
姓名：<JSP:getProperty name="bean" property="name"/>
成绩：<JSP:getProperty name="bean" property="cheng"/>
</body>
</html>
```

7.3 JavaBean 应用实例

英语有几万个单词，但掌握了核心的 2000 个高频词就能顺畅阅读 95%的英文报刊。JavaBean 的功能无穷无限，用 JavaBean 可能编写出千变万化的程序，但作为初学者，JavaBean 最常用的场合有哪些呢？最经典的程序有哪几个？本节通过实例方式对 JavaBean 常用的经典程序进行讲解，以期待为初学者提供编写 JavaBean 小程序的范本。

7.3.1 JavaBean 基础应用示例

根据前几节所学到的知识，本节通过实例来进行详细讲解。本例通过 JavaBean 技术计算圆的面积。具体操作步骤和代码如下。

【案例 7-6】 计算圆的面积。

1）Circle.java 代码如下。

```
package circle;
public class Circle {
    int raduis;
    public int getRaduis() {
        return raduis;
    }
    public void setRaduis(int raduis) {
        this.raduis = raduis;
    }
    public double getCircleArea(){
        return Math.PI*raduis*raduis;
    }
    public double getCircleLength(){
        return 2*Math.PI*raduis;
    }
}
```

2）circle.jsp 代码如下。

```
<%@ page import="java.util.*" contentType="text/html;charset=GB2312"%>
<html>
<head><title>使用 JavaBean 求圆的周长和面积</title></head>
<JSP:useBean id="circle" class="circle.Circle" scope="page" />
<body>
<%if(request.getParameter("raduis")==null){%>
<form action="circle.JSP">
请输入半径<input type="text" name="raduis">
<input type="submit" value="计算">
</form>
<%}else{
int raduis=Integer.parseInt(request.getParameter("raduis"));
circle.setRaduis(raduis);
out.print("<br>圆的半径："+raduis);
out.print("<br>圆的面积："+circle.getCircleArea());
out.print("<br>圆的周长："+circle.getCircleLength());
}%>
    </body></html>
```

circle.jsp 的运行结果如图 7-13 所示，输入半径 3，单击“计算”按钮，计算结果如图 7-14 所示。

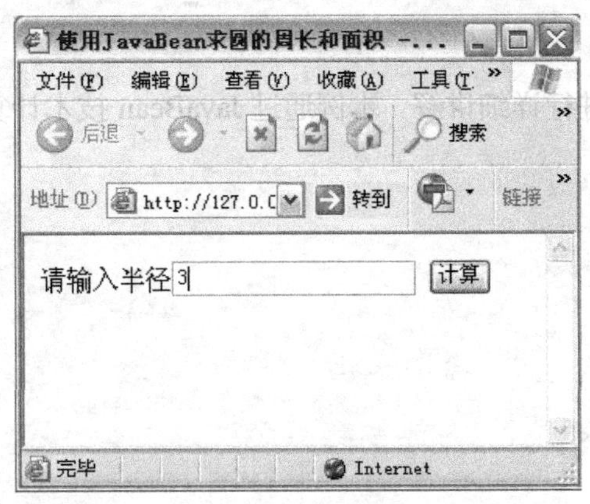

图 7-13　circle.jsp 页面运行效果

图 7-14　计算结果

【案例 7-7】 基于 JavaBean 的计数器。

使用 JavaBean 实现计数器。counter.java 实现计数操作；counter.jsp 通过 JavaBean 中的方法显示访问计数；counter1.jsp 通过读取 bean 中的属性显示访问计数。

1）counter.java 程序和源代码如下。

```
package count;
 public class counter{
   int count=0;
   public counter()
   {
   }
```

```
    public int getCount()
    {
        count++;
       return this.count;
    }
   public void setCount(int count)
    {
        this.count=count;
    }
}
```

2）counter.jsp 通过 JavaBean 中的方法显示访问计数，源代码如下。

```
<%@ page contentType="text/html;charset=GB2312"%>
<html>
<head><title>调用 bean 方法实现计数器</title></head>
<body>
<h3>调用 bean 方法实现计数器</h3>
<JSP:useBean id="count1" scope="session" class="count.counter" />
<%
out.println("访问次数:"+count1.getCount());
 %>
    </body></html>
```

基于 JavaBean 的计数器的运行结果如图 7-15 所示。

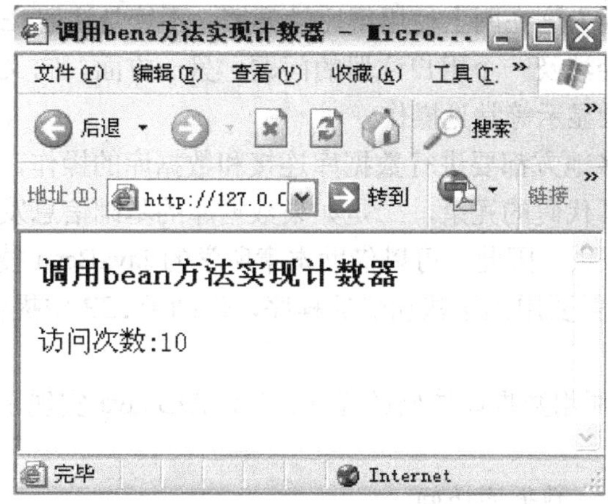

图 7-15　基于 JavaBean 的计数器的运行结果

3）counter1.jsp 通过读取 bean 中的属性显示访问计数，其源代码如下。

```
<%@ page contentType="text/html;charset=GB2312"%>
<html>
<head><title>获取 bean 属性实现计数器</title></head>
<body>
<h3>获取 bena 属性实现计数器</h3>
<JSP:useBean id="count2" scope="application" class="count.counter" />
```

```
访问次数：
<JSP:getProperty name="count2" property="count"/>
</body>
      </html>
```

counter1.jsp 运行结果如图 7-16 所示。

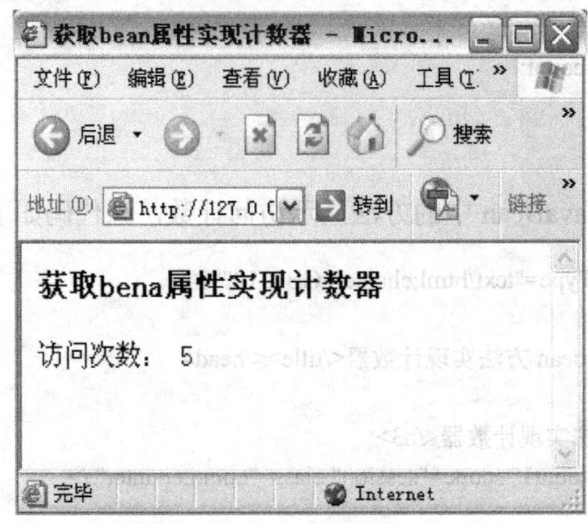

图 7-16　counter1.jsp 运行结果

7.3.2　JavaBean 的数据库应用

JavaBean 在实际编程过程中，涉及更多的是与数据库相关的操作，一个比较有代表性的实例是用户注册管理，因为这在网上使用得比较频繁，不管是注册 E-mail、有奖调查、购买物品或者加入社区等都会涉及一个用户注册的问题；另一方面，它又比较有代表性，涉及了数据库的记录增加、记录显示等常见操作。

在应用程序中，许多地方都要进行数据库连接和数据库的操作，如果每次都重复编写数据连接代码，一是造成了代码的冗余，二是如果数据库的基础信息发生变化，则需要进行大量代码的修改，工作量很大。因此，可以借助本章所学的 JavaBean 技术，将数据库的一些常用操作封装到 Bean 中。需要用到这些功能的程序，借助于 JSP 中提供的 JavaBean 动作元素来实现对 Bean 的调用。

使用 JavaBean 实现通用数据库访问的操作。ConnDB.java 实现了数据库的连接、添加、修改、删除和查询操作。

【案例 7-8】 JavaBean 数据库访问。

1）ConnDB.java 源代码如下。

```
package shopBeans;
import java.sql.*;
import java.io.*;
import java.util.*;
public class ConnDB
{
 public Connection conn=null;
```

```
public Statement stmt=null;
public ResultSet rs=null;
private static String dbDriver="sun.jdbc.odbc.JdbcOdbcDriver";
private static String dbUrl="jdbc:odbc:shopData";
private static String dbUser="sa";
private static String dbPwd="";
public static Connection getConnection()
    {
        Connection conn=null;
        try
         {
              Class.forName(dbDriver);
              conn=DriverManager.getConnection(dbUrl,dbUser,dbPwd);
         }
        catch(Exception e)
         {
              e.printStackTrace();
          }
         if (conn == null)
            {
                 System.err.println("警告:数据库连接失败!");
            }
         return conn;
    }
public ResultSet doQuery(String sql)
        {
            try
                {
                    conn=ConnDB.getConnection();
                    stmt=conn.createStatement(ResultSet.TYPE_SCROLL_INSENSITIVE,ResultSet.
CONCUR_READ_ONLY);
                    rs=stmt.executeQuery(sql);
                }
         catch(SQLException e)
              {
                e.printStackTrace();
              }
          return rs;
      }
public int doUpdate(String sql)
      {
          int result=0;
          try
              {
                    conn=ConnDB.getConnection();
```

```
                    stmt=conn.createStatement(ResultSet.TYPE_SCROLL_INSENSITIVE,ResultSet.
CONCUR_READ_ONLY);
                    result=stmt.executeUpdate(sql);
                }
            catch(SQLException e)
                {
                    result=0;
                }
            return result;
        }
    public void closeConnection()
        {
            try
                {
                    if (rs!=null)
                        rs.close();
                }
              catch(Exception e)
                {
                    e.printStackTrace();
                }
            try
                {
                    if (stmt!=null)
                        stmt.close();
                }
              catch(Exception e)
                {
                    e.printStackTrace();
                }
              try
                {
                    if (conn!=null)
                            conn.close();
                }
              catch(Exception e)
                {
                    e.printStackTrace();
                }
        }
    }
```

2）**【案例 7-9】** login_ok.jsp 源代码。

下面的登录验证程序通过调用 ConnDB 的 doQuery 方法实现数据库的连接，根据所输入的用户名和密码执行查询，以实现用户名和密码的验证。

```
<%@ page contentType="text/html;charset=gb2312" %>
<%@ page import="shopBeans.ConnDB" %>
<%@ page import="java.sql.*" %>
<%
 String c_name=(String)request.getParameter("c_name");
 String c_pass=(String)request.getParameter("c_pass");
 String cname=(String) session.getAttribute("c_name");
 String header="";
 String name="",pass="";
 ConnDB conn=new ConnDB();
 if (c_name!=null || c_name!="")
     {
         try
          {
               String strSql="select c_name,c_pass,c_header from customer where c_name='"+c_name+"' and c_pass='"+c_pass+"'";
               ResultSet rsLogin=conn.doQuery(strSql);
               while(rsLogin.next())
                    {
                         name=rsLogin.getString("c_name");
                         pass=rsLogin.getString("c_pass");
                         header=rsLogin.getString("c_header");
                    }
          }
        catch(Exception e)
          {}
        if(name.equals(c_name) && pass.equals(c_pass))
          {
                    session.setAttribute("c_name",c_name);
                    session.setAttribute("c_header",header);
                    %>
                    <JSP:forward page="login.JSP"/>
                    <%
               }
       else
             {
                    out.println( "<script language='javascript'>alert('用户名或密码错误，请重新登录');windows.location.href='index.JSP';</script>");
               }
 }
%>
```

本章从 JavaBean 概念讲到 JavaBean 的优点，重点介绍了 JSP 的使用步骤、编写 JavaBean

程序的方法、配置 JavaBean 的过程和 JavaBean 的编译这四个知识点。对 JavaBean 生命周期也进行了细致讲解，以实例方式讲解了调用 JavaBean、设置 JavaBean 属性和获取 JavaBean 属性三大关键操作，列举了 JavaBean 基础应用实例和 JavaBean 数据库应用实例作为全书从理论到实践的过渡。

一、填空题

1．JavaBean 可以分为（　　）和（　　）。

2．在 JSP 页面中，可以通过（　　）动作标记设置 JavaBean 中的值。

3．JavaBean 有 4 个生命周期，分别是（　　）、（　　）、（　　）和（　　）。

4．JavaBean 被调用时需要使用 3 个动作元素，分别是（　　）、（　　）和（　　）。

二、选择题

1．在 JSP 中，以下（　　）不是 JavaBean 的特点。

A．可重复利用　　B．一次编写，多次使用

C．处处使用　　D．可以代替 Struts2

2．JavaBean 的本质是一段（　　）。

A．Java 代码　　B．JSP 代码

C．Servlet 代码　　D．输入类

3．程序员不可以用 JavaBean 将（　　）对象进行打包。

A．功能　　B．处理

C．SQL 数据表　　D．数据库访问

4．在 JSP 程序中，通过（　　）动作标记调用 JavaBean。

A．useBean　　B．setBean

C．getBean　　D．getProperty

5．getProperty 动作实际上是调用 bean 的（　　）方法。

A．get()　　B．set()

C．getBean　　D．setBean

6.在 JavaBean 中，对于 boolean 类型的成员变量，允许使用（　　）代替 get 和 set。

A．is　　B．like

C．getProperty 和 setProperty　　D．getBean 和 setBean

7．JavaBean 类中如果有构造方法，那么这个构造方法是（　　）的。

A．public　　B．private

C．保护　　D．以上都不对

8．JavaBean 的生命周期需要用<JSP:useBean>动作指令中的（　　）属性指定。

A．scope　　B．private

C．protect　　D．public

三、判断题

1．JavaBean 可以在任何安装了 Java 运行环境的平台下使用，不需要重新编译。（　　）

2．JSP 文件中用到的 JavaBean 必须先编译后使用。（　　）

3．可以将 JavaBean 对应的变量通过表达式或者字符串进行赋值。（　　）

4．JavaBean 类中如果有构造方法，那么这个构造方法是无参数的。（　　）

5．类中方法的访问属性必须是 public 的。（　　）

6．JavaBean 的 class 文件必须放在 WEB-INF 文件夹中。（　　）

四、问答题

1．什么是 JavaBean？简述其本质、功能和特点。

2．简述 JavaBean 的使用步骤。

第 8 章　Servlet 技术

本章知识结构框图

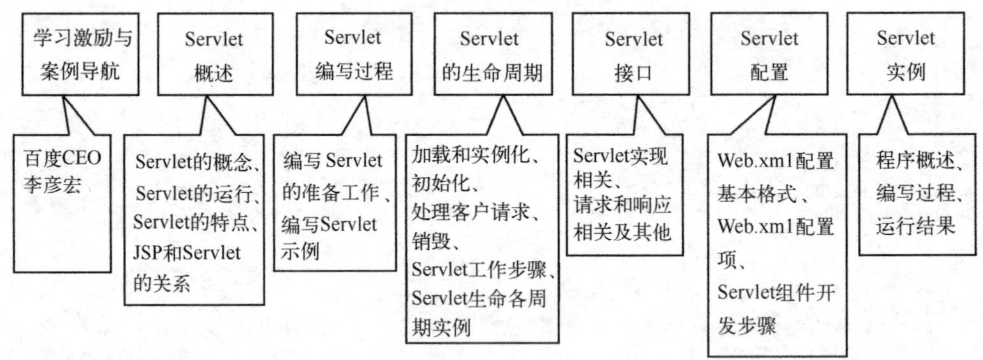

本章知识要点

1. Servlet 的概念、执行和特点。
2. Servlet 生命周期和编写过程。
3. Servlet 常见接口与 web.xml 配置文件。

本章学习方法

1. 从基本概念入手，详细了解 4 个生命周期。
2. 以实例引领掌握 Servlet 的编写技巧。

学习激励与案例导航

百度 CEO 李彦宏

李彦宏，百度 CEO，1991 年毕业于北京大学信息管理专业，随后赴美国布法罗纽约州立大学获得计算机科学硕士学位。在搜索引擎发展初期，李彦宏作为全球最早的研究者之一，最先创建了 ESP 技术，并将它成功地应用于 infoseek/go.com 的搜索引擎中。go.com 的图像搜索引擎是他的另一项极具应用价值的技术创新。1999 年底，怀抱“科技改变人们的生活”的梦想，李彦宏回国创办百度。经过多年努力，百度已经成为中国人最常使用的中文网站之一，全球最大的中文搜索引擎。2005 年 8 月，百度在美国纳斯达克成功上市，成为全球资本市场最受关注的上市公司之一。在李彦宏的领导下，百度不仅拥有全球最优秀的搜索引擎技术团队，同时也拥有国内最优秀的管理团队、产品设计、开发和维护团队；在商业模式方面，也同样具有开创性，对中国企业分享互联网成果起到了积极的推动作用。目前，百度也是全球跨国公司寻求合作最多的中国公司之一，随着百度日本公司的成立，百度加快了走向国际化的步伐。

努力学习基础知识，牢牢掌握专业技术，为自己的人生奠定基础，为自己的事业做好铺垫。每个上网的人都熟悉百度，简单的页面，专一的主题，却坐上了国内搜索引擎的业界第一把交椅，让我们走近百度的 CEO 李彦宏，看看他成长的足迹，想想自己脚下的路吧。

8.1 Servlet 概述

最初的网页，只有静态的内容，随着技术的发展，人们越来越认识到动态内容的重要性。人们最早使用 Applet 来实现动态内容，其后又研究使用通用网关接口（CGI）脚本来产生动态内容。CGI 脚本在很长一段时间内被广泛使用，但它却存在着许多缺陷，为了克服这些缺陷，出现了 Java Servlet 技术，它可以提供更加完美的动态网页内容。

8.1.1 Servlet 的概念

Java Servlet 到底是什么？其实，它就是一个类，是一个用 Java 编程语言实现的类。它扩展了用户请求服务器、服务器响应用户的性能。例如在 QQ 的登录界面，输入 QQ 账号和密码，这部分页面由 JSP 来实现，而登录之后的判断、查找及响应若继续由 JSP 来实现，则相当麻烦，而且数量众多的 QQ 用户登录将导致系统崩溃，Servlet 则正是解决上述两个问题的全新技术。有了 Servlet 即可简单便捷地实现这一功能，高效地保证系统的运行。

1．Servlet 类

Java Servlet 技术定义了专用于 HTTP 协议的 Servlet 类。类包括 javax.servlet 和 javax.servlet.http，提供了编写 Servlet 的接口和类。所有的 Servlet 必须实现定义了生命周期方法的 Servlet 接口。当实现通用服务时，可以使用或扩展由 Java Servlet API 提供的 GenericServlet 类。HttpServlet 类提供了像 doGet 和 doPost 这样专门用于处理 HTTP 服务的方法。

2．Servlet 功能

Servlet 是用 Java 代码编写的服务器端软件程序，用于处理客户机和服务器之间的消息传递。Java Servlet API 为请求和响应消息定义了一个标准接口，这样 Servlet 就可以跨平台和跨不同的 Web 应用服务器间移植。Servlet 可以通过动态构造一个发回客户机的响应来响应客户机的请求。

8.1.2 Servlet 的运行

Servlet 是 Java 的 Web 服务器端的程序，JSP 其实就是一个变相的 Servlet，只能用在服务器端。当使用 JSP 或 HTML 提交表单时，浏览器会将这个请求封装成一个 request，发送到服务器端（Tomcat 端），服务器端接收到这个 request 请求之后，交由 Servlet 来处理，将处理后的结果封装成 response 返还给浏览器。Tomcat 根据 WEB-INF 下面的 web.xml 来实例化 Servlet，一般来讲，Servlet 只被实例化一次，实例化之后，多个线程共享。

1．运行机制

Servlet 没有用户界面，用 Servlet 编写的程序运行在服务器上，用以处理客户端的请求，并将运行结果动态返回给客户端。Servlet 最终在服务器的 Servlet 容器中执行，由 Servlet 容器来负责 Servlet 实例的查找、创建，以及整个生命周期的管理。

2．执行过程

Web 服务器接收到一个 http 请求后，会将请求移交给 Servlet 容器，Servlet 容器首先对所请求的 URL 进行解析，并根据 web.xml 配置文件找到相应的处理 Servlet，同时将 request 和 response 对象传递给它，Servlet 通过 request 对象可知道客户端的请求者、请求信息及其他的信息等，Servlet 在处理完请求后会把所有需要返回的信息放入 response 对象中并返回到客户端，Servlet 一旦处理完请求，Servlet 容器就会刷新 response 对象，并把控制权重新返回给 Web 服务器。

8.1.3 Servlet 的特点

目前，JSP 与 Servlet 结合编程十分普遍，其优越之处吸引着越来越多的程序员采用其开发各类管理系统。其优点主要有以下几个。

1．高效

在服务器上仅有一个 Java 虚拟机在运行，当 Servlet 被客户端发送的第一个请求激活后，其将持续在后台运行，等待以后的请求，每个请求将生成一个线程而不是进程。

2．方便

Servlet 提供了大量的实用工具例程，极大程度地给程序员编程带来了方便，例如处理很难完成的 HTML 表单数据、读取和设置 Http 头信息、处理 Cookie，以及跟踪会话等操作。

3．可移植性好

由于 Servlet 是用 Java 编写的，其具有很好的移植性，现在有很多企业都编写自己独有的 Servlet，使得企业的任何开发均可不做任何实质上的改动，就能移植到其他平台上运行。

4．功能强大

在 Servlet 中，许多使用传统 CGI 程序很难完成的任务都可以轻松完成。例如，Servlet 能够直接和 Web 服务器交互，而普通的 CGI 程序则不能。Servlet 还能够在各个程序之间共享数据，使得数据库连接池之类的功能很容易实现。

5．灵活性和可扩展性

采用 Servlet 制作的 Web 应用程序，由于 Java 类的继承性、构造函数等特点，非常小巧灵活，能够随意扩展，共享数据，安全可靠。

8.1.4 JSP 和 Servlet 的关系

JSP 程序在运行时，最终是要转化成 Servlet 来执行。不是一个 JSP 运行会生成一个对应的 Servlet，而是 JSP 运行时就转成了 Servlet，也就是转换成 Java 程序来执行。其实 JSP 中的标签就相当于 Servlet 中 out.println()打印出的文本，例如 response.out. println("<i>hello</>");就相当于 JSP 中的<i>hello</>，JSP 也是一个 Servlet。

一个 Servlet 的 response 就是这个 Servlet 要发送给浏览器的内容。如果在这个 response 中打印文本，就会发送文本给浏览器，如果打印标签就会发送标签给浏览器，这样浏览器就解析成 HTML。

8.2 Servlet 编写过程

Servlet 的编写极其简单，本书全部采用 Eclipse 环境。Eclipse 与 MyEclipse 环境相比，在 MyEclipse 环境中更简单，更便捷。

8.2.1 编写 Servlet 的准备工作

开发 Servlet 前，应该把 tomcat 文件夹下 lib 中的 servlet-api.jar 复制到 jdk 安装目录下的 jre\lib\ext 文件夹中，否则将出现“无法加载类”错误，如图 8-1 所示。

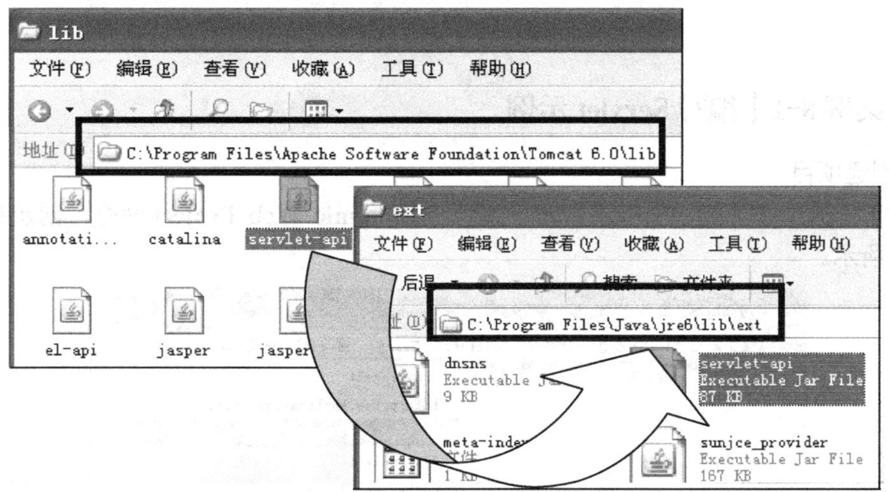

图 8-1　复制 servlet-api.jar

如复制后仍不能解决“无法加载类”报错，在新建的工程上右击，在弹出的快捷菜单中选择“构建路径”→“配置构建路径”命令，把 servlet-api 添加进外部包即可，如图 8-2 和图 8-3 所示。

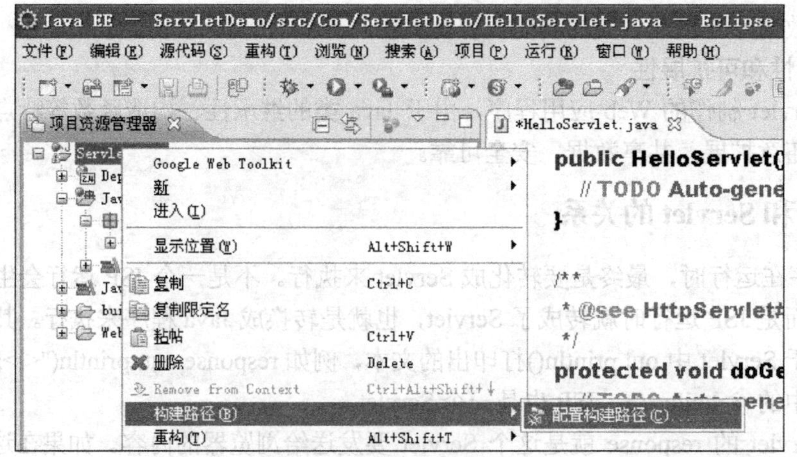

图 8-2 构建路径

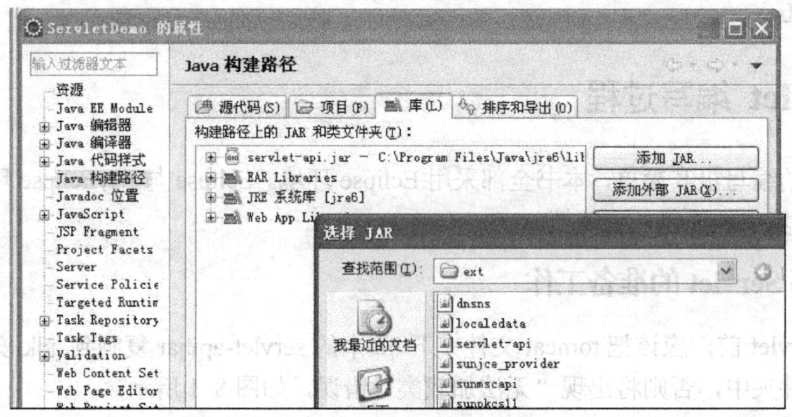

图 8-3 选择 JAR

8.2.2 【案例 8-1】编写 Servlet 示例

1．创建项目

启动 Eclipse，然后选择“文件”→“新”→**Dynamic Web Project** 命令，创建新项目，如图 8-4 所示。

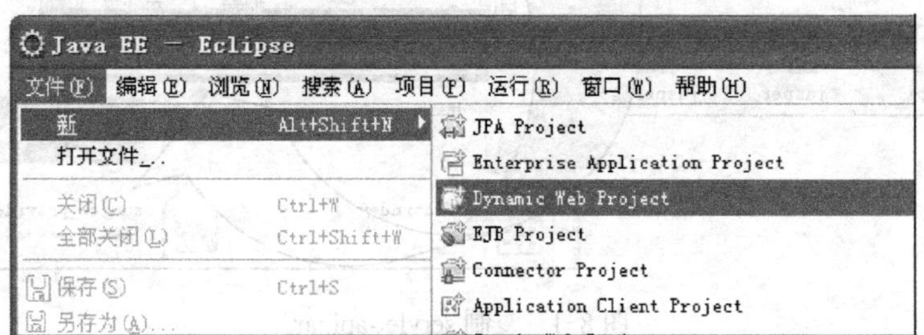

图 8-4 创建项目

2．新建 Servlet

1）在弹出的对话框中，Web project 后面是项目名称 ServletDemo，Source folder 后面是

存放路径\ServletDemo\src，Java package 后面是包名 com.ServletDemo，Class name 后面是类名称 HelloServlet，Superclass 后面是系统默认的继承类 javax.servlet.http.HttpServlet，如图 8-5 所示。

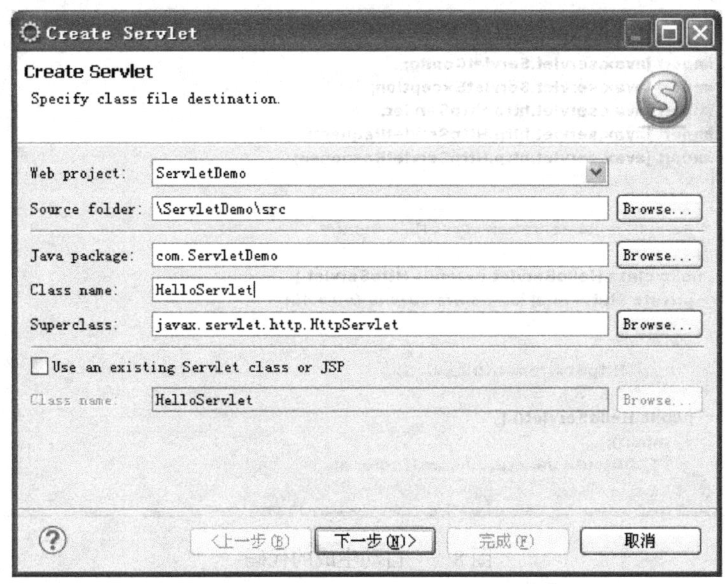

图 8-5　选择 JAR

2）在 Eclipse 环境中，创建 Servlet 时可以选择自动生成构造方法、init 方法、destroy 方法、doGet 方法和 doPost，如图 8-6 所示。

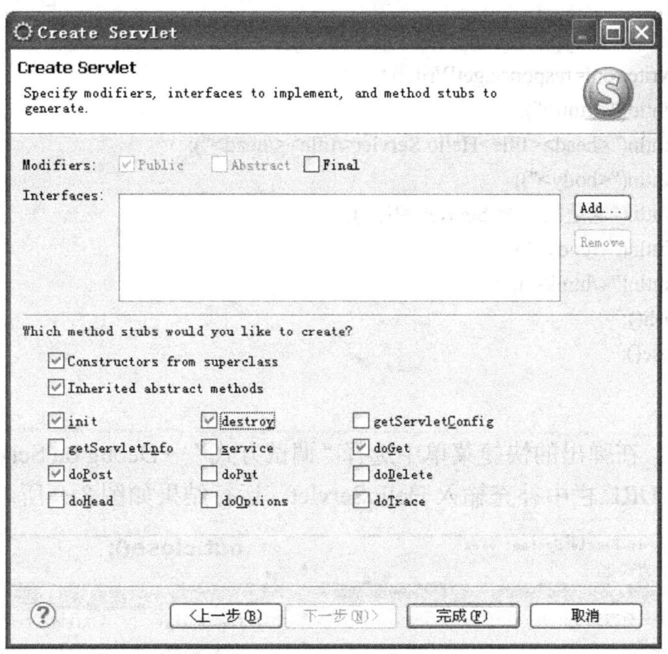

图 8-6　自动生成方法

3）单击“完成”按钮，自动生成如图 8-7 所示的代码。

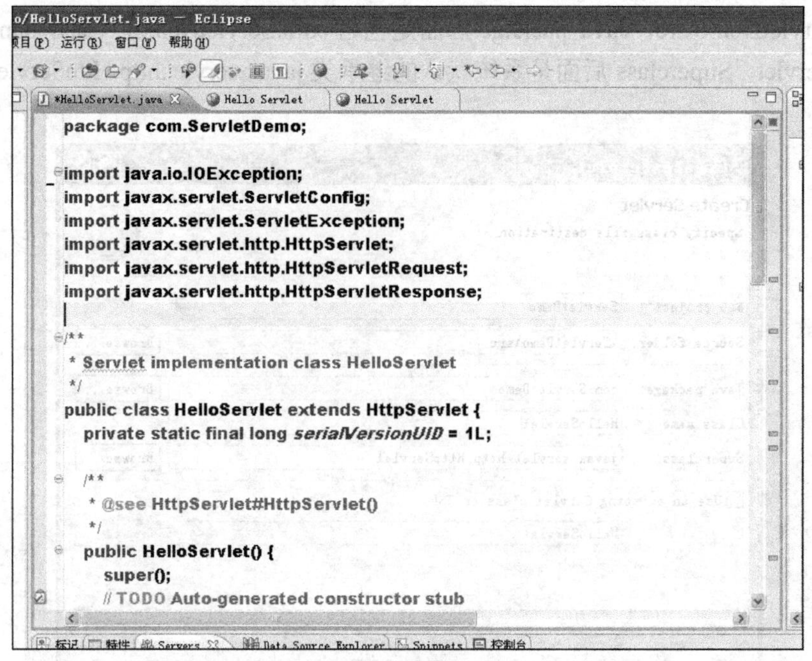

图 8-7　自动生成的代码

3．编写代码

1）导入 java.io.PrintWriter。

2）编写代码，在 doGet 方法内输入以下代码。

```
response.setContentType("text/html;charset=utf-8");
        PrintWriter out=response.getWriter();
        out.println("<html>");
        out.println("<head><title>Hello Servlet</title></head>");
        out.println("<body>");
        out.println("这是第一个 Servlet 程序");
        out.println("</body>");
        out.println("</html>");
        out.flush();
        out.close();
```

4．调试运行

在项目上右击，在弹出的快捷菜单中选择“调试方式”→Debug on Server 命令，如图 8-8 所示。在浏览器的 URL 栏中补充输入 HelloServlet，运行结果如图 8-9 所示。

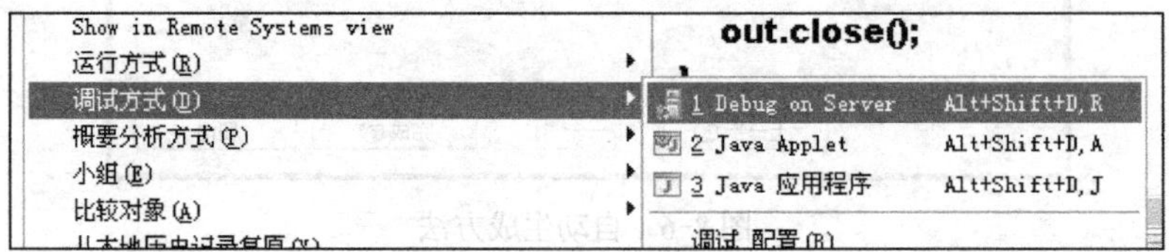

图 8-8　运行 Servlet

图 8-9　Servlet 的运行结果

8.3　Servlet 的生命周期

Servlet 是一种可以在 Servlet 容器中运行的组件，那么理所当然就应该有一个从创建到销毁的过程，这个过程可以称之为 Servlet 生命周期。Servlet 的生命周期可以分为加载和实例化、初始化、处理客户请求、销毁四个阶段，体现在方法上主要是 init( )、service( )和 destroy( )这 3 个方法。

8.3.1　加载和实例化

Servlet 容器负责加载和实例化 Servlet。当 Servlet 容器启动时，或者在容器检测到需要这个 Servlet 来响应第一个请求时，创建 Servlet 实例。当 Servlet 容器启动后，它必须要知道所需的 Servlet 类在什么位置，Servlet 容器可以从本地文件系统、远程文件系统或者其他的网络服务中通过类加载器加载 Servlet 类，成功加载后，容器创建 Servlet 的实例。因为容器是通过 Java 的反射 API 来创建 Servlet 实例，调用的是 Servlet 的默认构造方法（即不带参数的构造方法），所以在编写 Servlet 类时，不应该提供带参数的构造方法。

8.3.2　初始化

在 Servlet 实例化之后，容器将调用 Servlet 的 init()方法初始化这个对象。初始化的目的是为了让 Servlet 对象在处理客户端请求前完成一些初始化的工作，如建立数据库的连接、获取配置信息等。对于每一个 Servlet 实例，init()方法只被调用一次。在初始化期间，Servlet 实例可以使用容器为它准备的 ServletConfig 对象从 Web 应用程序的配置信息（在 web.xml 中配置）中获取初始化的参数信息。在初始化期间，如果发生错误，Servlet 实例可以抛出 ServletException 异常或者 UnavailableException 异常来通知容器。ServletException 异常用于指明一般的初始化失败，例如没有找到初始化参数；而 UnavailableException 异常用于通知容器该 Servlet 实例不可用。例如，数据库服务器没有启动，数据库连接无法建立，Servlet 就可以抛出 UnavailableException 异常，向容器指出它暂时或永久不可用。

8.3.3　处理客户请求

Servlet 容器调用 Servlet 的 service()方法对请求进行处理。需要注意的是，在 service()方法调用之前，init()方法必须成功执行。在 service()方法中，Servlet 实例通过 ServletRequest 对象得到客户端的相关信息和请求信息，在对请求进行处理后，调用 ServletResponse 对象的方法设置响应信息。在 service()方法执行期间，如果发生错误，Servlet 实例可以抛出 ServletException 异常或者 UnavailableException 异常。如果 UnavailableException 异常指示了该实例永久不可用，Servlet 容器将调用实例的 destroy()方法，释放该实例。此后对该实例的任何请求，都将收到容器发送的 HTTP 404（请求的资源不可用）响应。如果 Unavailable Exception 异常指示了该实例暂时不可用，那么在暂时不可用的时间段内，对该实例的任何请求都将收到容器发送的 HTTP 503（服务器暂时忙，不能处理请求）响应。

8.3.4 销毁

当容器检测到一个 Servlet 实例应该从服务中被移除时，容器就会调用实例的 destroy()方法，以便让该实例可以释放它所使用的资源，保存数据到持久存储设备中。当需要释放内存或者容器关闭时，容器就会调用 Servlet 实例的 destroy()方法。在 destroy()方法被调用之后，容器会释放这个 Servlet 实例，该实例随后会被 Java 的垃圾收集器所回收。如果再次需要这个 Servlet 处理请求，Servlet 容器会创建一个新的 Servlet 实例。

在整个 Servlet 的生命周期过程中，创建 Servlet 实例、调用实例的 init()和 destroy()方法都只进行一次。当初始化完成后，Servlet 容器会将该实例保存在内存中，通过调用它的 service()方法，为接收到的请求服务。

8.3.5 Servlet 工作步骤

1）装载 Servlet。这项操作一般是动态执行的。Server 通常会提供一个管理的选项，用于在 Server 启动时强制装载和初始化特定的 Servlet。

2）Server 创建一个 Servlet 的实例。

3）Server 调用 Servlet 的 init()方法。

4）一个客户端的请求到达 Server。

5）Server 创建一个请求对象。

6）Server 创建一个响应对象。

7）Server 激活 Servlet 的 service()方法，传递请求和响应对象作为参数。

8）service()方法获得关于请求对象的信息，处理请求，访问其他资源，获得需要的信息。

9）service()方法使用响应对象的方法，将响应传回 Server，最终到达客户端。service()方法可能激活其他方法以处理请求，如 doGet()、doPost()或程序员自己开发的新的方法。

10）对于更多的客户端请求，Server 创建新的请求和响应对象，仍然激活此 Servlet 的 service()方法，将这两个对象作为参数传递给它。

如此重复以上的循环，但无需再次调用 init()方法。一般 Servlet 只初始化一次（只有一个对象），当 Server 不再需要 Servlet 时（一般当 Server 关闭时），Server 调用 Servlet 的 Destroy()方法。

8.3.6 Servlet 生命各周期实例

【案例 8-2】 生命周期实例。

本实例演示了 Servlet 的各个生命周期中的每个阶段。

```
package servletDemo;
import java.io.IOException;
import java.io.PrintWriter;
import javax.servlet.ServletConfig;
import javax.servlet.ServletException;
import javax.servlet.http.HttpServlet;
import javax.servlet.http.HttpServletRequest;
import javax.servlet.http.HttpServletResponse;

public class hello extends HttpServlet {
private static final long serialVersionUID = 1L;
    public hello() {
        System.out.println("加载并实例化 Servlet 对象");
    }

    public void init(ServletConfig config) throws ServletException {
        System.out.println("实现了->init()方法");
    }
    public void destroy() {
        System.out.println("实现了->destroy()方法");
    }
    public ServletConfig getServletConfig(){
        System.out.println("实现了->getServletConfig()方法");
        return null;
    }
public String getServletInfo(){
    System.out.println("实现了->getServletInfo()方法");
    return null;
}
    protected void service(HttpServletRequest request, HttpServletResponse response) throws
ServletException, IOException {
        response.setCharacterEncoding("gb2312");
        PrintWriter out=response.getWriter();
        out.println("Hello 同学们，我们通过实现了 Servlet 的接口方法，创建了一个 Servlet 程序");
        out.close();
    }
}
```

运行结果如图 8-10 所示。

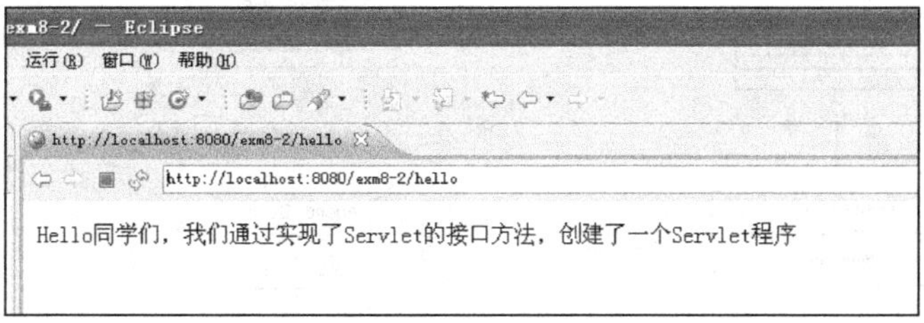

图 8-10　生命周期案例运行结果

8.4 Servlet 接口

Servlet 的框架是由两个 Java 包组成的：javax.servlet 与 javax.servlet.http。在 javax.servlet 包中定义了所有的 Servlet 类都必须实现或者扩展的通用接口和类。在 javax.servlet.http 包中定义了采用 HTTP 协议通信的 HttpServlet 类。Servlet 的框架的核心是 javax.servlet.Servlet 接口，所有的 Servlet 都必须实现这个接口。

8.4.1 Servlet 实现相关

public interface Servlet 接口是所有 Servlet 必须直接或间接实现的接口。它定义了很多实用的方法，简述如下：

- init(ServletConfig config)方法用于初始化 Servlet。
- destory()方法销毁 Servlet。
- getServletInfo()方法获得 Servlet 的信息。
- getServletConfig()方法获得 Servlet 配置相关信息。
- service(ServletRequest req, ServletResponse res)方法是应用程序运行的逻辑入口点。

public abstract class GenericServlet 提供了对 Servlet 接口的基本实现。它是一个抽象类。它的 service()方法是一个抽象的方法，GenericServlet 的派生类必须直接或间接实现这个方法。

public abstract class HttpServlet 类是针对使用 HTTP 协议的 Web 服务器的 Servlet 类。HttpServlet 类实现了抽象类 GenericServlet 的 service()方法，在这个方法中，其功能是根据请求类型调用合适的 do 方法，如图 8-11 所示。do 方法的具体实现是由用户定义的 Servlet 根据特定的请求/响应情况作具体实现。也就是说必须实现以下方法中的一个。

- doGet，如果 Servlet 支持 HTTP GET 请求，用于 HTTP GET 请求。
- doPost，如果 Servlet 支持 HTTP POST 请求，用于 HTTP POST 请求。
- 其它 do 方法，用于 HTTP 其他方式请求。

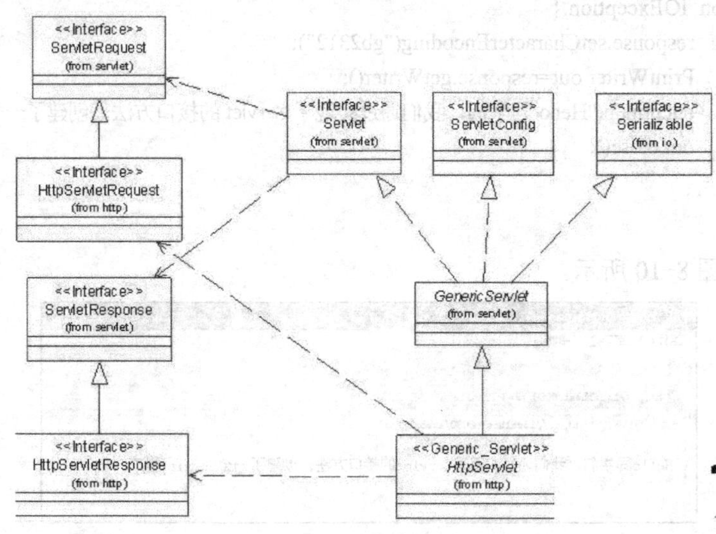

图 8-11　Servlet 类、接口结构图

8.4.2 请求和响应相关及其他

public interface HttpServletRequest 接口中最常用的方法就是获得请求中的参数，实际上，内置对象 request 就是实现该接口类的一个实例。因此关于该接口的方法和功能在前面章节中已讲述清楚，这里不再重复。

public interface HttpServletResponse 接口代表了对客户端的 HTTP 响应，实际上，内置对象 response 就是实现该接口类的一个实例。因此关于该接口的方法和功能在前面章节中已讲述清楚，这里不再重复。

会话跟踪接口（HttpSeesion）、Servlet 上下文接口（ServletContext）等与 HttpServletRequest 接口类似，不再重复介绍。但有一点需要读者注意，JSP 与 Servlet 中内置对象相似，但二者获取内置对象的方法略有不同，以下就两种技术作简单比较，如表 8-1 所示。

表 8-1　JSP 与 Servlet 获取内置对象的方法

项　目	请 求 对 象	响 应 对 象	会 话 跟 踪	上下文内容对象
JSP	request，容器产生，直接使用	response，容器产生，直接使用	session，容器产生，直接使用	application，容器产生，直接使用
Servlet	同上	同上	HttpSeesion session=request.getSeesion（）	用 getServletContext()方法获取

RequestDispatcher 接口代表 Servlet 协作，它可以把一个请求转发到另一个 Servlet 或 JSP。该接口主要有两个方法：

forward(ServletRequest,ServletResponse response)把请求转发到服务器上的另一个资源。

include(ServletRequest,ServletResponse response)把服务器上的另一个资源包含到响应中。

RequestDispatcher 接口的 forward 处理请求转发，在 Servlet 中是一个很有用的功能，由于该种请求转发属于 request 范围。所以，应用程序往往用这种方法实现由 Servlet 向 JSP 页面或另一 Servlet 传输程序数据。其核心代码如下。

```
request.setAttribute("key", 任意对象数据);
RequestDispatcher dispatcher = null;
dispatcher=getServletContext().getRequestDispatcher("目的地 JSP 页面或另一 Servlet");
dispatcher.forward(request, response);
```

以上代码中，RequestDispatcher 的实例化由上下文的.getRequestDispatcher 方法实现，在目的地 JSP 页面或另一 Servlet 中，用户程序可以用（类型转换）request.setAttribute("key")来获取传递的数据。另外，需要注意的是，利用 RequestDispatcher 接口的 forward 处理请求转发，其作用类似于 JSP 中的<jsp：forward>动作标签，属于服务器内部跳转，实际上，JSP 中的<jsp：forward>动作标签的底层实现就是利用 RequestDispatcher 技术。

过滤包括 Filter、FilterChain、FilterConfig 等接口，这些在 Web 应用中是很有用的技术。如通过过滤，可以完成统一编码（中文处理技术）、认证等工作。

8.5 Servlet 配置

Servlet 的配置由 web.xml 文件实现，web.xml 也称部署描述符文件，是 Web 应用的配置文件。它就像所有的 XML 文件一样，必须以一个 XML 头开始。

8.5.1 web.xml 配置基本格式

写好一个 Servlet 后，需要在 web.xml 中配置才能实现外部访问，Servlet 采用“请求-访问”模式为浏览器提供服务。外部访问网页时，有时经常用到后台逻辑，例如验证登录用户信息、注册个人设置及查看购物车内物品等，都需要用到后台逻辑。

直接访问后台的逻辑是不能实现的，这个时候需要在 web.xml 中进行配置。当前台需要信息处理时，目的地址要在 web.xml 中配置出来，然后通过 web.xml 中的<Servlet-mapping>键值对应到相应的 Servlet，前台的信息就能在后台提取出来并进行处理。

在 web.xml 中配置的基本格式如下。

```
<servlet>
      <servlet-name>first</servlet-name>
      <servlet-class>com.dr.myFirstServlet</servlet-class>
</servlet>
<servlet-mapping>
      <servlet-name>first</servlet-name>
      <url-pattern>/myfirst</url-pattern>
<servlet-mapping>
```

8.5.2 web.xml 配置项

1. web.xml 概述

所有部署描述符文件的顶层（根）元素均为 web-app。XML 元素不像 HTML，它们是大小写敏感的。因此，web-App 和 WEB-APP 都是不合法的，web-app 必须用小写。

web.xml 中的 XML 元素不仅是大小写敏感的，而且它们还对出现在其他元素中的次序敏感。例如，XML 头必须是文件中的第一项，DOCTYPE 声明必须是第二项，而 web-app 元素必须是第三项。在 web-app 元素内，元素的次序也很重要。服务器不一定强制要求这种次序，但它们允许（实际上有些服务器就是这样做的）完全拒绝执行含有次序不正确的元素的 Web 应用。这表示使用非标准元素次序的 web.xml 文件是不可移植的。

web.xml 中的元素及各自的含义如表 8-2 所示。

表 8-2 web.xml 中的元素及含义

次序	元　素	含　义
1	icon	icon 元素指出 IDE 和 GUI 工具，用来表示 Web 应用的一个和两个图像文件的位置
2	display-name	display-name 元素提供 GUI 工具，可能会用来标记这个特定的 Web 应用的一个名称
3	description	description 元素给出与此有关的说明性文本
4	context-param	context-param 元素声明应用范围内的初始化参数
5	filter	过滤器元素将一个名称与一个实现 javax.servlet.Filter 接口的类相关联

（续）

次序	元　素	含　义
6	filter-mapping	一旦命名了一个过滤器，就要利用 filter-mapping 元素把它与一个或多个 Servlet 或 JSP 页面相关联
7	listener	Servlet API 的版本 2.3 增加了对事件监听程序的支持，事件监听程序在建立、修改和删除会话或 Servlet 环境时得到通知。Listener 元素指出事件监听程序类
8	servlet	在向 Servlet 或 JSP 页面制定初始化参数或定制 URL 时，必须首先命名 Servlet 或 JSP 页面。Servlet 元素就是用来完成此项任务的
9	servlet-mapping	服务器一般为 Servlet 提供一个默认的 URL：http://host/webAppPrefix/servlet/ServletName。但是，常常会更改这个 URL，以便 Servlet 可以访问初始化参数或更容易地处理相对 URL。在更改默认 URL 时，使用 servlet-mapping 元素
10	session-config	如果某个会话在一定时间内未被访问，服务器可以抛弃它以节省内存。可通过使用 HttpSession 的 setMax InactiveInterval 方法明确设置单个会话对象的超时值，或者可利用 session-config 元素制定默认超时值
11	mime-mapping	如果 Web 应用具有特殊的文件，希望能保证给它们分配特定的 MIME 类型，则 mime-mapping 元素提供这种保证
12	welcom-file-list	welcome-file-list 元素指示服务器在收到引用一个目录名而不是文件名的 URL 时，使用哪个文件
13	error-page	error-page 元素使得在返回特定 HTTP 状态代码时，或者特定类型的异常被抛出时，能够制定将要显示的页面
14	jsp-config	主要用来设定 JSP 的相关配置
15	resource-env-ref	resource-env-ref 元素声明与资源相关的一个管理对象
16	resource-ref	resource-ref 元素声明一个资源工厂使用的外部资源
17	security-constraint	security-constraint 元素制定应该保护的 URL。它与 login-config 元素联合使用
18	login-config	用 login-config 元素来指定服务器应该怎样给试图访问受保护页面的用户授权。它与 sercurity-constraint 元素联合使用
19	security-role	security-role 元素给出安全角色的一个列表，这些角色将出现在 Servlet 元素内的 security-role-ref 元素的 role-name 子元素中。分别声明角色可使用高级 IDE 处理
20	env-entry	env-entry 元素声明 Web 应用的环境项
21	ejb-ref	ejb-ref 元素声明一个 EJB 的主目录的引用
22	ejb-local-ref	ejb-local-ref 元素声明一个 EJB 的本地主目录的应用

2．web.xml 中 Servlet 常用项

1）<servlet>，用来在 Web server 中部署的 Servlet 组件。

2）<servlet-name>定义了 Servlet 组件的名称，名称唯一性。

3）<servlet-class>描述了该 Servlet 对应的 Java 类全名。

4）<servlet-mapping>将该 Servlet 与特定 URL 关联。

5）<url-pattern>：定义访问该 Servlet 组件的途径通过上面的部署，重启 Tomcat 服务器，然后在浏览器中的地址栏中访问设置的 URL。

8.5.3　Servlet 组件开发步骤

Servlet 组件开发包括以下几个步骤。

1）设计 Servlet 组件程序并进行编译。

2）将 Servlet 组件部署到 Web Server 上，即修改 web.xml。

3）重启 Web Server，按照配置的 URL 访问 Servlet 组件。

这里需要说明，<servlet>必须出现在<servlet-mapping>的前面，因为Servlet必须先注册，然后才能映射。

8.6 Servlet 实例

本实际编程时经常用到提交表单，本实例使用JSP编写表单的界面部分，使用Servlet编写表单的处理部分，综合使用JSP与Servlet编程。

8.6.1 程序概述

本实例实现用户在表单中输入姓名后，提交给 Servlet 处理后，将提交的结果显示在页面上。

程序由输入页面input.html和Servlet处理页面InputServlet.java两部分组成。在input.html页面中，用户录入姓名单击“提交”按钮，将数据传送给InputServlet.java进行处理，处理结束后将数据显示到页面。

8.6.2 编写过程

1. 准备Servlet

在这一步中，要按照本章所述，将jar文件复制到JDK开发环境中，并启动Eclipse开发环境，新建项目，前面已经讲述，这里不再赘述。

2. 编写input.html

```
<form name="inputform" method="post" action="/Impl/inputServlet">
<p>请输入姓名：<input type="text" name="Name" size="30"></input></p>
<input type="submit" value="提交"></input>
<input type="reset" value="清除"></input>
</form>
```

3. 编写InputServlet.java

```
    protected void doPost(HttpServletRequest request, HttpServletResponse response) throws Servlet
Exception, IOException {
        response.setContentType("text/html;charset=gb2312");
        PrintWriter out=response.getWriter();
        request.setCharacterEncoding("gb2312");
        String Name=request.getParameter("Name");
        out.println("<html>");
        out.println("<head><title>inputServlet</title></head>");
        out.println("<body>");
        out.println("齐齐哈尔信息工程学校欢迎您--"+Name);
        out.println("</body>");
        out.println("</html>");
        out.close();
    }
```

8.6.3 运行结果

运行 input.html，将出现如图 8-11 所示的运行界面，输入姓名，并单击“提交”按钮，将显示如图 8-12 所示的结果界面。

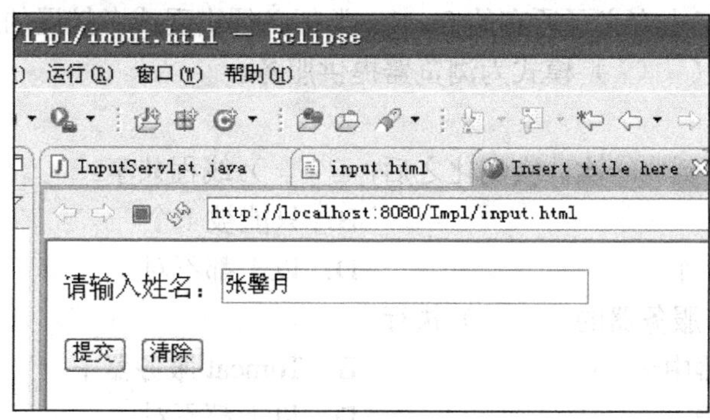

图 8-11 输入界面

图 8-12 运行结果界面

本章从 Servlet 的基本概念讲起，从 Servlet 类、Servlet 的功能到 Servlet 运行机制、执行过程，又讲解了 Servlet 的特点、JSP 和 Servlet 的关系，同时通过一个案例说明了 Servlet 的编写过程。Servlet 包括加载和实例化、初始化、处理客户请求、销毁 4 个生命周期，还专门用了一节详细介绍了 Servlet 的接口。然后简要介绍了 web.xml 中与 Servlet 有关的配置项，最后以一个实例完成了本章的讲解。

一、填空题

1．Java Servlet 本质是一个（　　）。

2．Java Servlet 技术定义了专用于（　　）协议的 Servlet 类。类包括（　　）和（　　）。

3．用 Servlet 编写的程序运行在（　　）上。

4．JSP 程序在运行时，最终是要转化成（　　）来执行的。

5．Servlet 的生命周期可以分为（　　）、（　　）、（　　）和（　　）4 个阶段。

6．Servlet 的生命周期体现在方法上主要是（　　）、（　　）和（　　）3 个方法。

7．在 Servlet 实例化之后，容器将调用 Servlet 的（　　）方法初始化这个对象。

8．当 Server 不再需要 Servlet 时，Server 调用 Servlet 的（　　）方法。

9．在（　　）包中定义了所有的 Servlet 类都必须实现或者扩展的通用接口和类。

10．Servlet 采用（　　）模式为浏览器提供服务。

二、选择题

1．Servlet 只被实例化一次，实例化之后，（　　）线程共享。

A．可被多个　　B．只能被 1 个

C．最多可被 3 个　　D．以上都不对

2．Servlet 最终在服务器的（　　）执行。

A．Servlet 容器中　　B．Tomcat 服务器中

C．Eclipse 环境　　D．以上都不对

3．Servlet 容器对所请求的 URL 进行解析，并根据（　　）文件找到相应的处理 Servlet。

A．web.xml　　B．Tomcat. xml

C．servlet.xml　　D．以上都不对

4．以下（　　）不可由 Servlet 完成。

A．html 表单数据　　B．处理 Cookie

C．包含文件夹　　D．跟踪会话

5．以下（　　）不是 Servlet 的特点。

A．小巧灵活　　B．独享数据

C．随意扩展　　D．安全可靠

6．Servlet 容器不能从（　　）中通过类加载器加载 Servlet 类。

A．本地文件系统　　B．远程文件系统

C．其他的网络服务　　D．数据库表中

7．在使用 Servlet 编程时，建立数据库的连接应该放在（　　）中完成。

A．初始化　　B．实例化

C．加载　　D．销毁

8．Servlet 容器调用 Servlet 的（　　）方法对请求进行处理。

A．destroy( )　　B．init( )

C．service( )　　D．close( )

9．Servlet 框架的核心是（　　）接口，所有的 Servlet 都必须实现这个接口。

A．http　　B．javax.servlet.http

C．Servlet　　D．javax.servlet.Servlet

10．在 web.xml 中，（　　）定义了 Servlet 组件的名称。

A．<servlet>　　B．<servlet-name>

C．<servlet-class>　　D．<servlet-mapping>

三、判断题

1．Java Servlet 是一个用 Java 编程语言实现的类。（　　）

2．Java Servlet 扩展了用户请求服务器，服务器响应用户的性能。（　　）

3．所有的 Servlet 必须实现定义生命周期方法的 Servlet 接口。（　　）

4．Servlet 可以跨平台和跨不同的 Web 应用服务器间移植。（　　）

5．Servlet 可以通过动态构造一个发回客户机的响应来响应客户机请求。（　　）

6．JSP 其实就是一个变相的 Servlet。（　　）

7．Servlet 的每个请求将生成一个进程而不是线程。（　　）

8．<servlet>必须出现在<servlet-mapping>的前面。（　　）

9．在编写 Servlet 类时，必须提供带参数的构造方法。（　　）

10．在 service()方法被调用之前，init()方法必须成功执行。（　　）

四、问答题

1．简述 Servlet 的工作步骤。

2．简述 Servlet 组件的开发步骤。

参考文献

[1] 马建红，李占波. JSP 应用与开发技术[M]. 2 版. 北京：清华大学出版社，2014.

[2] 郭珍，王国辉. JSP 程序设计教程[M]. 2 版. 北京：人民邮电出版社，2012.

[3] 陈丹丹，高飞. JSP 项目开发全程实录[M]. 3 版. 北京：清华大学出版社，2013.

[4] 林信良. JSP & Servlet 学习笔记[M]. 2 版. 北京：清华大学出版社，2012.

[5] 张志锋. JSP 程序设计与项目实训教程[M]. 北京：清华大学出版社，2012.

[6] Bergsten H. JSP 设计[M]. 3 版. 林琪，朱涛江，译. 北京：中国电力出版社， 2004.